LE CORBUSIER

LE VOYAGE D'ORIENT

르코르뷔지에의 동방여행
LE CORBUSIER LE VOYAGE D'ORIENT

2010년 6월 14일 초판 발행 · 2024년 3월 28일 3쇄 발행 · **지은이** 르코르뷔지에 · **감수** 한명식
옮긴이 최정수 · **펴낸이** 안미르, 안마노 · **기획·진행·아트디렉션** 문지숙 · **편집** 문채원, 정은주
디자인 김승은 · **영업** 이선화 · **커뮤니케이션** 김세영 · **제작** 세걸음 · **글꼴** SM3견출고딕,
SM3견출명조, SM3신신명조, Adobe Garamond Pro, Univers LT

안그라픽스
주소 10881 경기도 파주시 회동길 125-15 · **전화** 031.955.7755 · **팩스** 031.955.7744
이메일 agbook@ag.co.kr · **웹사이트** www.agbook.co.kr · **등록번호** 제2-236(1975.7.7)

Original French edition "Le Voyage d'Orient" published by Les Editions Forces Vives in 1966.

Copyright La Fondation Le Corbusier, Paris, 1966
Korean Translation Copyright Ahn Graphics Ltd., 2010
All rights reserved. This Korean edition was published by arrangement with
Fondation Le Corbusier (Paris) through Bestun Korea Agency co., Seoul.

이 책의 한국어판 저작권은 베스툰 코리아 에이전시를 통해 저작권자와 독점 계약한
안그라픽스에 있습니다. 저작권법에 따라 한국 내에서 보호를 받는 저작물이므로 무단 전재와
복제를 금합니다. 정가는 뒤표지에 있습니다. 잘못된 책은 구입하신 곳에서 교환해 드립니다.

ISBN 978.89.7059.445.3 (02600)

르코르뷔지에의 동방여행

르코르뷔지에 지음
한명식 감수
최정수 옮김

안그라픽스

1911년, 베를린에 있는 페터베렌스*사무소에서 설계사로 일하던 샤를 에두아르 자느레(르코르뷔지에의 본명)는 친구 오귀스트 클립스탱Auguste Klipstein과 함께 콘스탄티노플로 여행을 떠나기로 계획했다. 두 친구는 아주 적은 여비로 5월부터 10월까지 보헤미아, 세르비아, 루마니아, 불가리아, 터키를 두루 방랑하게 된다.
그 여정에서 르코르뷔지에는 햇빛 아래 형태들이 벌이는 찬란한 유희이자 영혼의 긴밀한 체계인 그곳의 건축을 발견한다.
드레스덴에서 콘스탄티노플로, 아테네에서 폼페이로 옮겨가면서 르코르뷔지에는 여행 일기를 쓴다. 일기에 여행하며 느낀 인상을 기록하고, 많은 데생도 남긴다. 그는 데생을 하면서 사물을 보는 방법을 깨우치게 된다.

그는 그때 기록한 내용 중 일부를 발췌해서 한 지방신문에 실었다.
얼마 뒤 그는 기록을 분류하고 다듬어서 한 권의 책으로 만든다.
이 책은 1914년 '동방여행Le Voyage d'Orient'이라는 제목으로
출간될 예정이었다. 그러나 전쟁 때문에 책 출간은 난관에
부딪혔고, 원고는 르코르뷔지에의 서재에 계속 쌓여 있게 된다.
여행을 하고 54년이 흐른 뒤, 그는 마침내 젊은 시절의 망설임과
발견의 증거인 이 책을 출간하기로 결심한다. 1965년 7월,
그는 다른 자료는 참고하지 않고 원고를 수정하고,
세심하게 주석을 붙인다.
그렇게 해서 탄생한 이 책은 르코르뷔지에가 예술가로서,
건축가로서 성장하는 데 결정적인 역할을 했던 한 기간을 기록한
중요하고 의미심장한 자료다.

차례

11	내 형이자 음악가인 알베르 자느레에게
14	1911년 동방여행의 여정
16	몇몇 인상들
22	라쇼드퐁 작업실 친구들에게 보내는 편지
37	빈
47	도나우강
70	부쿠레슈티
81	터르노보
89	터키 땅에서
100	콘스탄티노플
116	모스크
126	묘지들
131	그녀들과 그들
139	카페

143	열려라, 참깨
153	두 개의 동화, 하나의 현실
162	스탐불의 재앙
170	혼란스러운 추억들, 귀환과 회한……
188	아토스산
231	파르테논신전
257	서유럽에서

감수자 후기	**261**
옮긴이 주	**266**
르코르뷔지에 연보	**301**

**내 형이자 음악가인
알베르 자느레*에게**

형 생각이 맞아! 나는 이 책을 형에게 헌정하기를 무척이나
고대하고 있어. 그렇게 되면 정말 멋질 거야! 지금 나는
이것 말고는 아무것도 생각할 수 없어. 대중을 대상으로 쓴
이 글이(대중은 이 글을 원하지 않았지만) 나를 얼마나 기쁘고
들뜨게 만드는지 형은 잘 알겠지. 나는 이 글을 형에게
바치려고 해. 왜냐하면 형에게 뭔가 주는 걸 여전히 좋아하니까.

　한쪽 끝에서 다른 쪽 끝까지, 그러니까 도나우, 스탐불*,
아테네까지 여행하는 동안 형의 얼굴은 줄곧 나와 함께했어.
나는 형의 얼굴이 섞여 들어간 서류를 마주한 채 속수무책으로
있었지. 정확하지는 않지만 틀림없이 형의 얼굴이었어.
1910년 크리스마스 때 헬레라우*의 발트센케에서 형 몰래
형 얼굴을 연필로 스케치했지. 그때 형은 순대를 얹은 버터 바른
빵(그 나라에서 우리의 지갑 사정이 허락해준 메뉴 중 하나!)을 먹고
있었어. 나는 그 순대와 버터 바른 빵이 역겨웠는데, 형은

그걸 너무나 맛있게 먹었어. 어느 순간 내 눈에 형은 믿을 수 없을 정도로 게걸스럽게 보였어. … 그러니까 그 스케치는 형에 대한 항의 비슷한 거였어. 그 정도로 나는 형을 동경하고 신뢰했어. 사실 형은 매력이 넘치는 사람이잖아?

    형이 지난 여름 여기에 체류했을 때 말이야, 내가 구사하는 매우 보잘것없고, 서글프고, 무능한 프랑스어를 형이 막무가내로 옹호하는 것 같다고 요전 날 누군가 말했어. 하지만 나는 건축학도이고, 그게 내가 감동한 순간에 그 감동을 표현하는 유일한 방법이었어. 그 사람은 내가 쓴 이해 불가능한 프랑스어 문장을 형에게 인용했어. 신문 「라 푀유 다비•」의 편집자를 짜증나게 하고, '우리 집안의 친구'인 그 신문의 대표가 어쩔 수 없이 묵인하는 괴물 같은 문장을 말이야. 하지만 형은 그 문장이 완벽하고, 완벽하고, 완벽하다고 대답하고는, 그런 말은 더 듣고 싶지 않다고 했어.

형은 그런 사람이었지. 우리가 서로 도움을 주고받으며 지내온 지 여러 해가 되었어. 우리는 앞으로도 계속 그렇게 지낼 거야, 그렇지? 우리와 친하게 지내는 사람들이 우리에게 내리는 평가는 변할지 모르지만(왜냐하면 그 사람들은 의견이라는 것의 영향력에서 완전히 벗어나지 못하니까), 우리의 형제애는 견고하고 언제까지나 변하지 않을 거야. 렘노스 섬과 에게해 사이에 펼쳐진 수평선처럼 말이야.

1911년
동방 여행의
여정

베를린, 드레스덴, 프라하,
빈, 바츠, 부다페스트, 보요,
지우르지우, 베오그라드,
크냐제바츠, 니슈, 부쿠레슈티,
터르노보(벨리코터르노보),
가브로보, 시프카, 카잔루크,
아드리아노플(에디르네),
로도스토(테키르다으),
콘스탄티노플(이스탄불),
다프니, 부르사, 아토스,
테살로니키, 아테네, 이테아,
델포이, 파트라스, 브린디시,
나폴리, 로마, 폼페이,
피렌체, 루체른

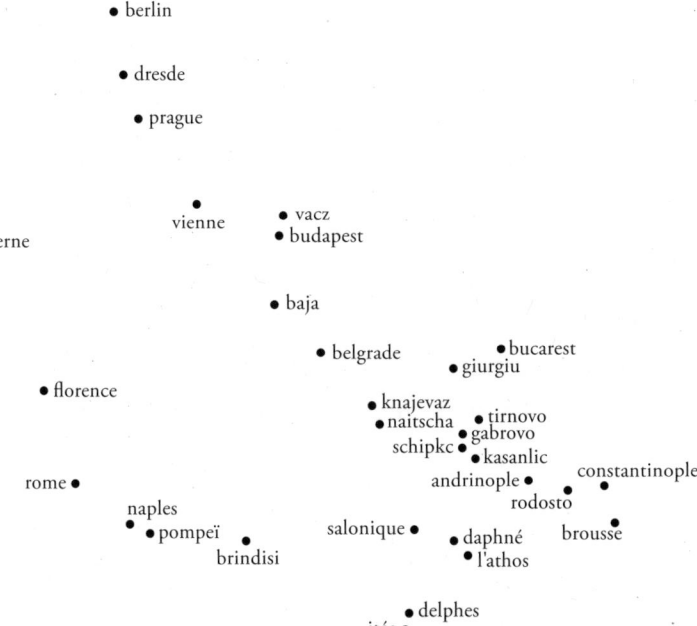

●

위의 지명은 프랑스판 원작에 수록된 것을 토대로
표기한 것이며, 본문의 인명, 지명 등의 외래어 표기는
한글맞춤법 외래어표기법을 참고했습니다.

몇몇 인상들

"그렇게 여러 달 동안 새로운 나라를 여행하면 당신의 놀라운
능력이 무뎌지고, 신선한 감성이 퇴색하고, 결국엔 환상에서
깨어나 조금 무감각해진 눈으로 사물을 보게 되지 않을까요?
이따금 당신과 이야기를 나누면 당신의 생각이 너무 예기치 못한
것이라 무척 놀라곤 했는데 말이에요! … 어쨌든 당신은
이제 동방으로 떠나죠. 당신이 오른쪽으로 가든 왼쪽으로 가든
당신의 계획에 모자람이 없을 거라는 걸 우리는 잘 알아요. …
얼마나 다양하고 다채로운 인상을 갖고 돌아오겠어요! …
우리의 조언이 동기부여가 될 거예요. 그러니 행여 우리를
원망하지는 마요."

여행을 떠나기 전 베를린에서 매력적인 여자 동료 두 명이
나에게 말했다.

결국 그 말이 옳았다. 티어가르텐*의 무거운 하늘 밑에서
혹은 슈프레강*의 청록색 운하를 따라 천천히 산책할 때

그런 일이 일어났다. 나는 게르마니아*의 구시가와 신시가에
늘어선 돌투성이 미로 속을 오랫동안 힘들게 산책하다 돌아왔다.
숭배 받는 건물의 돔을 보며 험담했고, 평원을 가로질러 흐르는
강 하구에 자리 잡은, 지나치게 낭만적인 '성곽'이 높이 솟은
그 유명한 도시에 회의를 품었다. 소탑, 해자垓子, 총 쏘는 구멍이
뚫린 성벽에 둘러싸인 중세풍의 그로테스크한 외관에 욕설을
퍼부었고, 수상쩍게 비죽거리는 그 모습을 통렬히 비난했다.
웅장한 투구를 쓴 듯 보이는 이면에는 온통 칼자국이 나 있고,
나병으로 인한 불결한 농진과 공장의 거무스레한 굴뚝이 내뿜는
악취 나는 연기 그을음이 보였다. 그 모습은 가히 연극적이었다.
다행스럽게도 그리 알려지지 않은 사실이지만, 나는 유행에
그리 반대하는 편은 아니었다. 조각을 새긴 돌 위에
둥실 떠 있는 파란 하늘과 그 아래 머무는 고요한 미소, 황금빛
밀밭 위에 섬세하게 드러나는 보리뱅이, 거기서 붉은 꽃이
찬란하게 피어나고, 별이 박힌 창공이 강렬한 빛을 발하는
그런 유행 말이다. 나는 현대적인 연출에 대해 열렬하게
이야기했고, 100년 혹은 200년 전의 고요한 작품들을 위해
중세 독일의 발달 과정을 이야기했다. 경솔한 낭만주의, 표현력이
부족한 우리의 사고에 몹시 화를 내기도 했다. 이를테면

우뚝 솟아오른 붉고 거친 바위 사이를 흐르는 위엄 있는 강물
혹은 좀더 멀리 눈길을 던져 축복받은 평원 위에 마치 살아 있는
신神처럼 펼쳐진 경치에 감탄하다가도, 자객의 보잘것없는
유물처럼 강 위에 던져진 형편없는 건물 박공이나 종탑을
보고는 감탄이 여러 번 잦아들었다. 지나다니는 자동차 때문에
아스팔트에 반들반들 윤이 나고 지는 해 때문에 검은 나무 기둥이
수없이 늘어서고 헤드라이트의 행렬이 끝도 없이 이어지는,
푸른 초목 밑에 잠긴 대로는 종종 숭고한 창조물처럼 나에게
나타났다. 그리고 무미건조하게 복원된 돔과 허술한 정면의
과도한 돌출부 밑에 파묻힌 불결한 골목길, 배어 있는 악취,
거기에 틀어박힌 수상쩍은 사람들과 쩩쩩거리며 우글거리는
어린아이들 무리는 여러 번 나를 그곳에서 도망치게 했다. …
반면 베데커*는 그런 광경에 황홀해했고, 자신이 느낀 감동을
보여주기 위해 하늘에서 별 세 개를 떼어내 그곳을 한껏 찬양했다.
하지만 나는 과거에 사로잡혀 잘난 체하는 성주城主들을 비웃고
거드름 피우는 '한물간 미남들'을 놀리고 촌스러운 19세기
벼락부자들을 모욕했다. 그 이름들, 그 아름다운 명성들을
나는 퇴색시켜버렸다. 불쌍한 이름들, 내가 시들게 한 가련한
마법의 단어들! 불운하게 걸려든 제물!

내 죄를 용서받기 위해 해명을 해야겠다. 무엇보다도 나는 위험을 무릅썼다. 그러자 과대평가된 명성이 나에게 돌아왔다. 예술의 세계에서는 유행을 독점하는 사람들과 '허풍떠는 사람들'이 두드러지는 일이 자주 있다. 반면 겸손하고 수줍음 타는 사람들도 있다. 이들이 예술의 세계에서 서로 만난다. 조용한 사람들은 '과장 광고하는' 유난스러운 사람들에 반대한다.

한편으로, 당신네 아가씨들은 "예술 애호가는 다른 사람들 눈에 항상 머리가 조금 이상한 사람으로 보인다."라고 말한다. 이를테면 내 삼촌 한 분도 내가 일반적으로 통용되는 의견에 반대하려는 목적으로 '반대를 위한 반대'를 일삼는다고 굳게 믿고 있다.

마지막으로, 만일 내가 아름다움이란 크기나 규모, 높이 혹은 거기에 사용된 돈의 액수나 연극적 효과가 아니라 무엇보다 조화를 통해 만들어진다고 생각한다면, 사물을 보는 이런 방식에, 이런 존재 방식에 다음 사실을 덧붙이는 바다. 나는 젊다(덧없는 과오). 그래서 무모한 판단에 사로잡혀 있다. 나는 절충주의를 숭배한다. 하지만 절충주의를 받아들이기 위해 눈을 감고 머리가 허옇게 세기를 기다린다. 반대로 나는 안경 낀 근시의 눈을 아주 크게 뜨고 주변을 살펴본다. 서글프게도 이 안경 때문에 나는 현학적이고 목사 같은 분위기를 풍긴다.
나는 어리석은 짓을 많이 저지른다. 낭패스럽게도 가까운
지인들의 의견과 매우 다른 옷으로 바꿔 입었고, 필요 이상으로
자가당착에 빠지기도 했다. 호기심 많은 아가씨들이여, 기분이
좋지 않은 날 나는 몸을 흔든다. 이를테면 내가 위대한 조화에
온통 정복된 꿈의 세상을 매력적인 스케르초* 리듬으로 바쁘게
뛰어다닐 때 말이다!

아니다, 회의적인 아가씨들이여. 여행이라는 것은 싫증이 나지
않는다. 우리는 여행에 대한 사랑 속에서 조금씩 더 고귀해진다.
내 신념에 따르면, 여행은 모든 것이 사회주의화하는 요즈음
찬양받아 마땅한 일이다. 특히 「파수병*」 독자들에게 말이다.
북유럽의 복잡한 건축물에서 벗어나 콘스탄티노플, 소아시아,
그리스, 이탈리아 남부를 거치게 될 동방여행은 태양, 푸른 바다,
사원의 하얀 벽면이 외치는 끈질긴 호소에 대한 응답이 될 것이며,
내 마음속 깊은 느낌이 이상적인 꽃병의 둥근 곡선처럼 은은히
퍼져나갈 것이다. …

새벽 2시에 나는 이런 상념에 잠긴 채 부다페스트와
베오그라드 사이를 흐르는 넓은 강을 타고 내려가는 하얀 배 위에
있었다. 벌써 둥글게 차오른 달이 별들의 미로를 통과하여

하늘로 떠오르는 모습을 하염없이 바라보느라 갑판으로 올라가는 것도 잊은 채!

라쇼드퐁 작업실*
친구들에게 보내는 편지

내 친구 페랭Perrin에게

잘 지내고 있는지! 만약 옥타브Octave가 파리 소르본 거리에서 무척 호의적이고 명예로우며 언어 표현이 풍부한 이 일기를 읽었다면, 그는 태어나기도 전에 사라져버릴 가망이 매우 큰 이 어린아이(여행 일기)를 위해 검은 테를 두른 조의문을 나에게 보냈을 거야! 나는 여행 일기를 쓰기 시작했어. 아마 신문에 실리게 될 거야! … 나는 이 세상 누구보다 더 불행해. 고백하건대 글을 쓰는 것은 권태로움의 정점이거든. 그리고 내가 수많은 고향 사람의 휴식 시간을 회색으로 덧칠하는 건 아닐까 하는 생각으로 괴로워. 네가 관심 있어 할 이야기를 해줄게. 너는 조르주Georges만큼이나 조형미를 좋아하지. 또 너는 구球의 아름다움을 잘 알아. 그래서 나는 너에게 시골풍 꽃병에 대해,

서민적인 도자기에 대해 이야기하려고 해. 여행하던 중 우연히 신문 편집자가 좋아할 만한 몇몇 항구에 닿게 되었어. 우리 작업실에 도예를 전공한 마리우스 페르농Marius Perrenond이라는 친구가 있지. 그 친구라면 '도자기학 강의'를 좋아할지도 모르겠군. 마리우스도 구의 곡선미를 아직 충분히 좋아하지는 않는 것 같아. 그래서 너에게 꽃병의 둥근 윤곽과 거기서 내가 느낀 황홀감을 이야기하려는 거야.

너는 그 기쁨을 알겠지. 꽃병의 풍만하고 불룩한 배를 손으로 만지고, 섬세한 목 부분을 어루만지고, 그런 다음 꽃병의 둥글고 미묘한 윤곽을 탐험하는 기쁨 말이야. 나는 두 손을 될 수 있는 한 호주머니 속에 깊이 찔러 넣고, 두 눈을 반쯤 감고, 도료가 그려내는 꿈처럼 아름다운 광경에, 노르스름한 광채에, 벨벳처럼 부드럽고 파르스름한 빛에 천천히 취하지. 그러면 기세가 맹렬하던 검은 덩어리가 하얀 요소들과 변화무쌍한 투쟁을 시작하고, 마침내 하얀 요소들이 승리를 쟁취하지. … 여러 달 동안 피곤한 여행을 한 후 내가 아담한 스튜디오에 돌아와 있고, 담배 연기가 가득한 가운데 너와 친구들이 안락의자에 푹 파묻히거나 소파에 누워 있는 장면을 상상한다면, 아마도 훨씬 잘 이해할 수 있을 거야. 나는 오랜만에 너희들을 다시 만났고, 너희들을 특별히 배려하여 잠이 들 때까지 기나긴 이야기를 들려줄 거야! 물론 꽃병에 대한 에피소드가 많겠지.

우리는 부다페스트에서부터 줄곧 배가 불룩한 항아리와 목이 긴 꽃병이 가득한 창고를 찾아낼 수 있을 거라 확신했어. 예술적 재능이 있는 농부들이 선과 색 그리고 형태와 선을 훌륭하게 조화시킬 줄 안다는 것을 우리는 알고 있었으니까. 어서 그것들을 보고 싶은 욕심 때문에 병이 날 지경이었어! 하지만 그곳에 이르는 과정은 정말 고약했지! 비가 억수로 퍼부어서 가던 길을 되돌아가기도 했는데, 오귀스트는 몹시 약이 올라서 신음을 했어. 그 불쌍한 친구는 '알리바바의 동굴' 같은 곳으로 내려가 비를 피할 때까지 줄곧 그랬어. 부다페스트의 어둠침침한 상점이나 초라한 지하통로 혹은 찌는 듯이 더운 헝가리 평원 마을 어느 과부의 궁핍하고 누추한 집에 이르기까지, 우리는 억누를 수 없는 열정을 안고 찾아다녔어. 너는 그런 심정을 이해하지! 마침내 우리는 기분 좋은 광채와 건강한 견고함을 발하는 항아리들을 찾아냈어! 항아리의 아름다움이 우리 마음을 위로해주었어. 그런 항아리를 찾아내려고 우리는 나라와 장소, 사람을 가리지 않고 유럽 전역의 칙칙한 골동품을 모두 뒤지고 돌아다닌 거야. 그리고 농부들이 마치 위대한 예술가처럼 작업하는 이곳 헝가리에서 우리는 상인들의 창피스러운 제안, 소박한 영혼을 짓누르는 비참하리만큼 효율적인 유행의 영향력과 맞닥뜨렸어. 금색 꽃무늬가 있는 다양한 색채의 유리제품, 루이 15세풍의 부끄러운 칠기 장식, 지난 수년간 유행한 부자연스러운 작은 꽃무늬가 있는 그릇에서 말이야. 그곳에는 서민의 위대한 전통이 남아 있었어(물론 사그라지는 중이고 곧 사라져버리겠지만). 그러나 추한 '유럽화'가 그 조용한 은신처까지 번져온 것을 확인할 수 있었어.

농부들의 예술 작품은 미적 관능의 놀라운 창조물이야. 만일 예술이 과학보다 높은 데까지 뻗어간다면, 분명 예술이 과학과 달리 인간의 육체 속에 깊은 메아리를 불러일으키며 관능을 유발하기 때문일 거야. 예술은 육체에 정당한 몫을 부여해. 그런 다음 기쁨을 표출하며 그 건강한 토대 위에 매우 고귀한 기둥을 세우지.

농부들의 예술은 변함없고 따뜻한 애무로 대지를 감싸 안고 인종, 기후, 장소에 상관없이 조화롭게 피어나는 꽃처럼 대지를 덮지. 농부들의 예술은 아름다운 동물로서 살아가는 기쁨을 마음껏 드러내. 예술의 형태는 감정을 잘 드러내주고 활기로 부풀어 올라. 형태의 선은 자연스러운 볼거리들을 종합하거나 똑같은 물체의 옆과 위에서 꿈처럼 아름다운 기하학적 광경을 보여줘. 기초적이고 거친 본능과 추상적인 사변을 할 수 있는 본능의 놀라운 결합이라 할 수 있지. 이렇듯 색채는 묘사가 아니라 뭔가를 상기시키는 데 쓰여야 해.* 언제나 상징적이지. 또한 색채는 수단이 아니라 목적이야. 색채는 눈의 애무이자 도취이고, 역설적이게도 터지는 웃음을 동반해. 색채는 위대한 거장들, 그러니까 지오토Giotto, 엘 그레코Gréco, 세잔Cézanne, 반 고흐Van Gogh를 혼란에 빠뜨려! 어떤 관점에서 보면 농부들의 예술은 오랫동안 살아남은 매우 수준 높은 문명일 수도 있어. 모든 인류의 표준인 하나의 규범을 척도로 삼으니까 말이야. 네가 원한다면 그것을 '야성'이라고 해도 좋아.

    이쯤 되면 내 친구 페랭이 싫증을 내겠군. 하지만 헝가리와 세르비아의 도자기에 대해서라면 끝도 없이 수다를 떨 수 있어. 그런 것이 무명 예술과 전통 예술 연구를 동시에 아우를 수도 있으니 말이야.

    헝가리 평원과 세르비아의 도예 공방을 방문했을 때 우리가 큰 감동을 받은 두 가지 이유를 이야기하도록 할게. 네가 잠시 한숨 돌리고 부러워하는 마음을 갖도록 도나우

시골 마을에서 만난 어떤 사람에 대해서도 이야기해줄게.

우선 그 사람들은 논리적으로 따지지는 않지만 '효율적인 선'과 '팽창하는(그러므로 가장 아름다운) 선'의 상관관계에서 생겨나는 '유기적인 선'에 대한 본능적 감식안을 가졌어. 언젠가 그라세* 씨가 파리에서 나에게 이런 말을 한 적이 있어. "아름다움은 곧 기쁨이어야 합니다." 그러고는 이렇게 덧붙였어. "왜 오그라들고 비틀린 싹을 복사해야 합니까? 그건 추악할 뿐입니다! 기쁨이란 꽃이 피고 열매가 많이 열린, 가지가 활짝 펼쳐진 웅장한 종려나무 같은 것입니다! 다시 말해 아름다움이란 찬란한 젊음입니다." 이곳 도자기도 젊고 밝게 빛나고 있어. 지금부터 그 특징을 이야기하자면, 이곳 도자기는 선이 터져나갈 정도로 배가 불룩해. 또한 멋진 대비를 이루고 있지. 마을을 벗어나 먼 곳에 별로 가본 적이 없는, 소박한 영혼을 가진 도예공의 손끝에서 탄생한 것이지. 도예공의 이웃은 식료품상이고, 그의 손가락은 매우 오래된 전통질서에 무의식적으로 순응해. 그가 만든 도자기는 현대적인 대규모 공장에서 익명으로 만들어진, 누가 생각해냈는지도 알 수 없는 염려스러운 공상과 어리석음 속에서 쏟아져 나온 조잡한 도자기와는 비할 바가 아니야. 공장 도자기는 전날 도안한 형태와 차별화하겠다는 목적만으로 도자기를 도안하는 어리석은 디자이너가 부린 변덕의 산물일 뿐이지. 우리는 도나우강을 따라가다가, 뒤이어 아드리아노플*에서 검은 아라베스크 무늬로 덮인 미케네풍을 발견했어. 전통은 대단히 끈질기게 살아남지! '새로운 것'을 창조하겠다는 단 하나의 목적 때문에 전통을 깡그리 부정하는 오늘날의 괴벽보다 더 애통한 것은 아무것도 없어. 창의력에 대한 이러한 그릇된 생각은 오늘날 모든 예술 분야에 나타나고 있어. 전혀 실용적이지 못한 홍차 주전자, 조잡하고 보기 흉한 찻잔, 배 부분의 곡선이 엉망인 항아리 등등. 삐걱거리고 안전하지 못한 의자와 디자인이 이상한 가구도 있어. 정말 괴상하고 우스꽝스러운 구조로 지은 불편하고 지저분한 집도 있지. 쓸데없는 장식과 더러운 때, 기능성 결여. 오, 친구! 우리는 생활에 적합하지 않을 뿐 아니라 기능성까지 파괴된 '조직되지 않은' 환경에 살고 있어.

이왕 말이 나왔으니 끝까지 할게. 매우 인상적이고 염려스럽기도 한 현상을 너에게 말할게. 다름 아니라 도예공들이 자신의 예술을 '경시'한다는 거야. 그들은 영혼도 아니고 가슴도 아닌 손가락으로 작업을 해. 그래서 우리가 가게에 들어가 한바탕 소란을 벌이면 그들은 깜짝 놀라 입을 벌리지.

오늘날 그들이 만들어내는 물건은 조잡한 혼성 예술이야. 그들은 좋지 않은 물건만 골라 우리에게 내놓았어. 역겹기 짝이 없는 취향으로 만들어진 겉만 번지르르한 물건, 대도시에서 온 행상 보따리에서 쉽게 볼 수 있는 그럴듯한 복제품 말이야. 그들의 예술은 이미 과거의 유물이 되었고, 더는 명맥을 유지하기 힘들 것 같아. 몇 년 뒤 네가 발칸반도의 크냐제바츠에 들른다면 내가 이번 여행에서 돌아가 너에게 보여줄 물건과 비슷한 것을 하나도 찾아내지 못할 거야. 이번에 내가 구입한 물건들은 20년이나 된 것들이야. 우리는 먼지를 뒤집어쓴 잡동사니 속에서 그 물건들을 찾아냈어. … 예술사 박사 논문을 준비하는 내 동행 오귀스트는 갑자기 떠오른 진실을 보여주는 이론 앞에서 놀라고 고무되었어. 그는 헝가리와 세르비아 도자기 앞에 펼쳐진 위기를 모든 시대의 모든 예술에 적용해 고찰하면서「20세기 서민 도자기 예술의 심리적 국면」이라는 논문까지 구상했지. 독일어로 하면 더 와닿을 거야. 'Der psychologische moment······(심리적인 순간······)' 너에게만 하는 이야기인데, 오귀스트는 그 구상을 성공적으로 완성하지 못했어. 나는 그를 도울 수 없었어. 순조롭지 못한 상황에서 태어나기도 전에 사라져버릴 두 번째 어린아이를 위해 검은 테를 두른 옥타브의 조의문이 또다시 필요할 것 같아. 다만 도자기에 대한 열정이 그 정도로 우리를 사로잡았다는 것만 이해해줘.

  6월 7일 수요일 아침, 배는 거센 물살의 도움을 받아 강물을 좌우로 가르며 드넓은 물길을 따라 내려갔어. 양쪽으로 나뉜 강물은 끝없이 나아가 수평선에 닿아 합쳐졌어. 커다란 흰색 배는 전날 저녁 어스름이 내릴 무렵 부다페스트를 떠났어. 사람들은 거의 잠들어 있었지. 일등석 흡연실 붉은 벨벳 좌석에 앉은 특권계층, 농부들, 경쾌한 자수가 놓인 수많은 짐을 든 남자와 여자들. 드넓은 하늘에는 달이 떠올라 별빛이 사그라들고 있었어. 나는 우리가 지나온 고장들에 대해 아무것도 알지 못했어. 아무도 나에게 그 고장들에 대해 말해주지 않았기 때문이야. 하지만 막연히 그 고장들이 매우 아름답고 우아할 거라는 느낌이 들었어. 페랭, 너는 웃겠지! 너는 콜론* 콘서트에서 주일 오후를 보낸 느낌을 기억할 테니까. 그런 느낌이 내가 보지도 못했고 알지도 못하는 이 평원의 어느 구석에 틀어박히도록 나를 밀어댔다면 이해하겠어? 〈파우스트의 겁벌*〉 첫 소절을 들을 때마다 나는 느리고 우울한 당당함에 당황하지 않을 수 없었지. … 아무튼 그날 밤 나는 잠을 이룰 수가 없었어. 은색 장식 줄이 둘러쳐지고 화관 두 개가 수놓인 검은 천이 덮인

관이 배 끄트머리에서 보였어. 나 혼자 갑판에서 외투로 몸을 감싸려는 찰나였지. … 달빛을 받아 반짝이는 거울 같은 수면이 만들어내는 흑백의 교향악, 눈부신 흰색으로 칠해진 항해 도구, 환기장치의 벌어진 주둥이, 어두운 형체를 드러낸 강둑, 소리 없이 묵직하게 놓여 있는 불길한 관. 저 위 조종실에서는 선장이 성큼성큼 걸어 다니고, 선미에 있는 두 선원은 소리 죽여 속삭이고 있었어. 수면에서 작은 불빛이 반짝일 때마다 망루에서는 희미한 종소리가 들려왔지. 너에게 다시 이야기하겠지만, 그 불빛은 강 위에 떠 있는 풍차를 지키는 야등이었어. 두 개의 화관이 수놓인 검은 수의에 덮인 불길한 관 앞에서, 염려스러운 침묵과 멀리 보이는 수평선 앞에서 나는 끊임없이 생각에 잠겼어. 때로는 열광의 전율에 휩싸였고, 때로는 갈망에 동요되어 눈물을 흘리며 깊은 고요함을 만끽했어.

    나는 선장에게 찾아가 말을 걸었어. 호사스러운 벨벳 좌석에서 무심하게 잠자는 사람들이 이따금씩 하품을 했어. 나는 화가라고 나를 소개한 뒤 지방색이 온전히 남아 있는 고장을 찾고 있다고 내 소망을 설명했지. … 선장이 준 정보는 즉시 착수하고 싶을 만큼 솔깃했어. 어느새 동이 트고, 배는 물이 찰랑이는 강둑을 30분쯤 내려가 보오라는 작은 도시에 다다랐어. 길을 따라가다 보니 '이집트풍'의 커다란 잿빛 소들이 반쯤 침수된 목장 안을 지나갔어. 우리는 광장에 도착했어. 광장에는 바로크 양식의 헝가리 교회가 있었어. 우리는 십자가가 그려진 깃발을 든 순례자 무리에게 거의 떠밀리다시피 했어. 모자를 쓰지 않은 누더기 차림의 남자와 여자들이 기부금을 거두면서 영혼의 평안을 간구하는 성시聖詩를 무기력하게 읊조리고는, 다른 성스러운 장소로 가버렸어. 우리는 사람이 붐비는 시장에 도착했어. 시장에는 물건보다 농부들이 더 많았지. 그곳에서 우리는 그런 모습을 연이어 목격할 수 있었어. 여자 한두 명이 과일이나 채소가 담긴 작은 바구니를 앞에 두고 하루 종일 쪼그리고 앉아 있는데, 바구니에 담긴 것을 다 팔아봐야 20수에 불과해. 또 우리는 길을 가다가 암소에게 풀을 뜯기는 여자 두세 명과 자주 맞닥뜨렸어. 시내에서는 염소를 줄에 매 데리고 다니며 포도 사이에 돋아난 풀을 뜯어먹게 하는 나이 든 노파들도 만났지. 그런데 오귀스트가 체리와 채소가 든 바구니와 푸줏간 진열대 사이를 헤치고 가다가 도료가 발하는 광채를 보고는 콜럼버스의 정찰병처럼 외쳤지. "도자기다!"

지하 식품 저장고의 사과처럼 도자기가 수없이 줄지어 놓여 있었어. 상인들과 흥정하는 일은 그리 쉽지 않았어. 우리는

손짓발짓으로 흥정을 시작했어. 그때까지는 늘 독일어로
대화했지만 말이야. 아무튼 손짓발짓이 대화에 도움이 되었어.
다행히 일이 잘 풀려 30분쯤 뒤에 우리는 찌는 듯이 내리쬐는
햇빛을 받으며 길을 가로질렀어. 그렇게 우리는 『천일야화』에
나올 법한 지붕 밑 창고에 도착했어. 그곳에서 호엔촐레른가※의
황제이자 고상한 취미를 가진 빌헬름 2세의 언어를 구사하는
알리바바를 만났지. 점토 작업 때문에 두 손이 온통 부풀어 오른
그 남자는 열정 없는 몸짓으로 천천히 의사전달을 했어.
낡은 목재로 된 벽면에는 지난겨울부터 꼼짝 않고 거기에 있었을
꽃병들이 어슴푸레한 불빛을 받으며 잠들어 있었어.

　우리는 꽃병 몇 개를 고른 뒤 사다리를 다시 내려왔어. 남자가
자기 할머니를 우리에게 소개했고, 할머니는 우리 손을 오랫동안
꼭 쥐어주었지. 이어 우리는 오귀스트의 이론의 주춧돌이 될
몰취미한 골동품이 곳곳에 보이는 방을 방문했어! 그 남자가
겨울에 일하는 작업실이었어. 여름에는 농사에 필요한 도구를
넣어두어야 하기 때문에 겨울에만 거기서 작업한다는 설명이었지.
작업실은 매우 소박하고 초보적이었지만, 장미가 뒤덮인 그윽한
뜰 깊숙한 곳에 멋지게 자리 잡고 있었어. 뜰에는 활처럼 구부러진
커다란 검은 버팀대도 있었는데, 그 덕분에 우물에서 물을 길어

올릴 수 있었지. 우물 둘레의 돌에는 조각이나 장식 없이
하얀색만 칠해져 있었지만, 풍성하게 피어나는 붉고 파란 생화가
우물 주변을 화려하게 꾸며주었어. 넓은 평원에 자리한 마을은
매우 경탄스러웠어. 그런 마을의 모습을 한번 상상해봐.
평지의 길은 아주 똑바르고, 넓고, 한결같고, 키 작은 아카시아
나무가 끝없이 점점이 이어져 있어. 저녁이 되면 그 속에서
해가 기울지. 길엔 인적이 거의 없어. 드넓은 평원도 마찬가지야.
하지만 그곳의 길은 생명의 배출구, 생명 유지의 중심이야.
곳곳에서 높은 담장이 길 양쪽을 가로막고 있어. 담장의 통일성이
인상적이었고, 건축학적으로도 매우 조화로웠어. 우선 한 가지
재료, 즉 진한 노란색 벽토만 사용했고, 스타일도 모두 똑같아.
그 위에 독특한 초록색의 아카시아 나무들이 언제나 한결같은
하늘을 덮고 있지. 또 넓지는 않지만 매우 깊숙하고 나지막한
박공을 인 집들이 늘어서 있어. 벽에는 마치 왕관처럼 뻗은
포도나무 가지와 그 뒤에 있는 뜰에 심어진 멋들어진 장미나무의
잔가지들이 비죽 비어져 나와 있지. 상상해 봐. 뜰은 마치
여름날의 거실 같았어. 뜰은 일정한 거리를 두고 서 있는 집들의
담벼락에 둘러싸여 있고, 집 정면에 난 창문은 열려 있었어.
뜰에는 아치도 있지. 이렇게 집집마다 뜰이 있는데, 마치

에마의 수도원* 정원처럼 완벽하게 아늑해. 너도 기억하겠지만,
그 정원에서 우리는 우울함에 온통 젖어드는 느낌을 받았지.
하지만 이곳 뜰에는 아름다움, 즐거움, 평온함만 한데 집중되어
있어. 바깥으로 통하는 붉은색이나 초록색 현관은 완벽한
아치형을 이루고 있어! 버팀목을 세우고 심은 포도나무가
초록색 그늘을 드리우는 안락한 하얀 아치와 세 개의 하얀
석회 벽은 봄마다 새로 칠하는 덕분에 페르시아 도자기만큼이나
아름다운 장식적 효과를 발휘하지. 이곳 여자들은 매우 아름답고
남자들은 매우 깔끔해. 옷도 예술적으로 입어. 번쩍이는
실크 옷이나 결이 불규칙하고 색깔이 다양한 가죽을 이어붙인 옷,
검은색으로 수놓은 하얀 반소매 셔츠를 입지. 사람들의 다리는
근육질이고 발은 고운 갈색이야. 여자들은 몸을 움직일 때
엉덩이를 흔드는데, 그러면 번쩍이는 태양 아래에서 주름이
많이 잡히고 꽃무늬가 있는 짧은 실크 원피스가 마치
인도 무희의 치마처럼 찬란하게 드러나. 이 의상을 보고
우리는 매우 황홀해했지. 사람들은 높다란 하얀 벽과 꽃이 핀
뜰 앞에서 색채의 조화를 이루기도 하고 대비를 이루기도 해.
이상하게도 이곳 길가에서는 그런 모습이 아주 아름답게
부각되어 행복감마저 느껴지지. 이런 것을 묘사하자니, 예전에

루브르에서 본 이스파한의 대형 패널화 복제품이 생각난다.
그 그림에는 정원을 배경으로 노란 별무늬가 있는 파란 옷,
파란 줄무늬가 있는 노란 옷을 입은 소녀들이 있었어. 전체적으로
활기를 띤 하얀 하늘에 나무 한 그루가 노란 나뭇잎을 드러내고
있었지. 나무줄기와 하늘은 찬란했고, 나뭇가지는 하얀 꽃과
푸른 석류를 매달고 있었어. 진한 초록빛 초원에 핀 꽃은 검은색과
흰색이었고, 나뭇잎은 노란색과 파란색이었지. 그 독특한 색채를
마주하자 놀랍게도 기쁨이 솟아올랐어. 그 그림을 보고 내가
얼마나 기뻐했는지 너도 기억하지! … 보요의 높은 벽 뒤에
조용히 자리 잡은, 수레가 드나들도록 커다란 문이 뚫려 있고
사람들이 드나드는 아주 작은 문도 뚫려 있는 도예공의 집과
그 이웃집들을 보았을 때 역시 기쁨을 느꼈어. 몇 채 안 되는
집들은 건너편에 자리한 나지막한 집들의 노란 삼각형 박공을
마주한 채 초록색 공처럼 다듬어진 작은 아카시아가 점점이
늘어선 길 위에서, 무성한 포도나무와 가지를 뻗어 올리는
장미덩굴 사이에서 조용히 쉬고 있었어.

  우리는 겉으로 볼 때는 문명화되었지만 실은 몸속 깊숙이
야성을 간직하고 있음을 너에게 말하는 거야. 너의 두 손을
꼭 잡을게.

빈

부자들은 가난한 사람들을 구제하려고 삶을 즐긴다. 그러니 그들을 존중해야 할 것이다! 만일 부자들마저 권태를 느낀다면 재미없고 지루한 나날이 될 것이다. 가난한 사람들 또한 부자들이 기분전환으로 즐기는 멋진 구경거리를 박탈당할 것이고, 사람들은 즐겁게 살지 못할 것이다. 장 릭튀스*는 그의 위대한 애가哀歌 2절에서 이미 이 주제에 관해 독백했다. …

오늘은 '블루멘 탁 Blumen Tag', 즉 꽃의 축제여서 길에 색채가 넘쳐흐르고 화려함이 한껏 펼쳐진다. 그러나 프라터로 통하는 길에는 지저분한 군중이 북적인다. 황제의 명에 따라 만든 공원을 향해 한없이 뻗은 대로에 나무들이 아치를 이루고, 그 아래 인도에는 너무 가난하고 '일거리가 없는' 군중이 꽉 들어차 있다. 군중은 축복받지 못한 삶에 대한 원망을 풀려고, 아니면 단순히 빈둥거리며 구경하고픈 마음에 온다. 4년 전에도 이미 본 적이 있는 빈의 가난한 사람들은 전혀 호감이 가지 않고, 불결하고,

무기력한 얼굴을 하고 있다! 우리는 세 시간 동안 그 사람들과
접촉했지만 도저히 그들에게 정을 붙이지 못했다.
나도 오귀스트도 동정심을 느끼지 못했다. … 이런 성급하고
표면적인 인상을 늘어놓는 것에 대해「파수병」독자인
친구들이 용서해주길! …

    행렬을 이룬 말과 호사스러운 자동차가 대로 중앙에
몰려들었다. 모든 것이 꽃무더기 아래 파묻힌다. 순간적이고
덧없는 꽃무더기 아래, 또 다른 덧없는 존재인 아름다운
아가씨들이 모여 있다. 시인은 말할 것이다. 아가씨들은,
덧없는 또 다른 꽃인 아름다운 아가씨들은 욕망으로 인해
조금 성이 난 채 어색한 표정으로 미소를 짓는다고. 이런 색채의
관현악 속에서, 검은 옷을 입은 남자들은 2부 바이올린 파트를
맡아 아무렇게나 던져진 장미와 백합이 등장하는 테마를
반주로 받쳐준다. 윌리엄 리터* 씨는 『그들의 백합과 그들의
장미들』에서 이기주의와 귀족적 퇴폐주의에 잠긴 빈의
축제에 대해 매우 향기롭지만 불건전하다고 이야기한 바 있다.

    오후의 열기에 짓눌린 우리는 축제를 건성으로 지켜보기만
했다. 멋진 연애 사건의 그물에는 얽혀들지 않고, 분홍색, 파란색,
노란색, 초록색 혹은 진한 빨간색, 검은색과 흰색, 회색이나

하얀색 혹은 전체적으로 하얀색인 자동차들의 우아하면서도
조화롭지 못한 색채를 관찰하기만 했다. 색채의 연속적인
폭발 속에서, 귀부인 두 명이 까만 씨가 보이는 하얀 양귀비
무늬가 있는 닫집 밑에서 산책하는 모습이 눈에 띄었다.
종이꽃이 진짜 꽃보다 오히려 더 광채를 발했다. 종이꽃은
아주 잘 만들어져서 진짜 꽃과 비교도 안 될 정도였다.
열대 지방에서 들여온 종이꽃은 산책로 멀리서도 눈부시게
반짝였고 주변에서는 유럽의 장미, 아이리스, 향이 강한
백합 냄새가 나는 듯했다.

    아름다운 치장에 대한 욕망 때문에 이 시시한 축제 행렬에
엄청난 돈이 들었지만, 정작 축제의 취지는 사라져버린 것이
틀림없었다. 자극적인 세부 때문에 그림 전체가 괴로움을 당하는
형국이었다. 하지만 아무도 그 사소함에 신경 쓰지 않는다.
그것은 납득할 만한 것으로 통용되는 듯했다. 유용성의 요구가
너무나 강력해서 그런 세부를 용서한다. 그리하여 끝없이 펼쳐진
높다란 나무줄기의 열주 사이를 통과하는 행렬은 깜짝 놀랄
정도로 눈부시고 화려하다. 자극적인 색채의 배합이 현기증을
유발하고, 마구 춤추는 총천연색 영화에 겁을 먹어 눈이 동요한다.
간단히 말해 축제를 즐기는 쪽은 부유한 빈이고,

가난한 빈은 구경만 한다. …

　석양이 내린다. 나무가 가득 서 있는 가로수길을 지나 변두리로 나가니, 아주 넓은 정원 하나가 펼쳐져 있다. 정원 가장자리에는 나지막한 별채와 아치가 있다. 더러운 철탑 두 개가 정원 앞에 서 있고 진한 초록색 덧창이 달린, 좌우로 긴 노란 건물이 바깥과 경계를 짓는다. 루이 14세풍으로 지은 매우 웅장한 쇤브룬궁*이 거기에 있었다.

　우리는 궁전 중심부를, 그 무표정하고 널찍한 공간을 가로질렀다. 그리고 갑자기, 준비도 없이, 프랑스식 정원의 깜짝 놀랄 만한 장관이 펼쳐진다. 그 정원은 너무 소박해서 빈곤하게 느껴질 정도였다! 하지만 규모는 엄청났다! 정사각형 화단은 굉장히 넓고, 매우 평평했다. 화단은 기하학적으로 질서정연하게 구획 지어져 있고, 가장자리에는 회양목이 심어져 있었다. 나무 한 그루도 모든 것이 반듯한 화단의 상태를 흩뜨리지 않았다. 왼쪽과 오른쪽에는 가지치기를 하여 매끈하게 다듬은 푸른 나무가 두 개의 멋진 울타리를 이루며 뻗어 있었다. 높이가 매우 높아서 보는 사람을 당황케 하는 초록색 울타리 밑에서 사람들이 산책을 하고 있었다. 결국 우리의 시선은 매우 서글픈 주랑으로 둘러싸인 언덕에 가서 멈추었다. 그 뒤에는 다시 기품 있는 진한 초록색 덧창들이 조화롭게 달린, 좌우로 기다란 노란 건물이 당당하게 서 있었다.

    고도古都 빈은 이런 우아한 광경 속에서 빛을 다소 잃긴 했지만 '귀족적으로' 살아남았다. 어둡고 고요한 홀 안에는 가구가 덮개에 덮여 있고, 벽에 걸린 초상화들의 속삭임 속에서 과거 쇤브룬의 화려한 추억을 떠올리게 된다. 말들이 정원에서 앞발로 땅을 차고, 프랑스식으로 장식된 칸막이 사이에서 실크 나비넥타이를 맨 궁정 대신들이 소소한 용무에 전념하던 그 시절의 추억을.

    체격이 자그마한 그림 수집가가 우리의 손을 꼭 붙잡았다. 우리가 그의 집 문을 두드린 것은, 다름 아니라 인상파 그림에 대한 열정을 만족시키기 위해서였다. 그가 소장한 그림 가운데 어떤 것은 아름다웠다. 우리는 여러 차례 그림을 칭찬했다. 하지만 수없이 많은 작은 그림 속에 파묻힌 수집가는 내심 실망한 듯했다. 할머니들의 성경책에 나올 법한 조잡하고 서툰 그림이 아주 많았던 것이다. 10만 개 보석 중 쓸만한 것을 골라내니 겨우 5,000개쯤 되었다고나 할까. 그는 우리 말고도 유명인사로 구성된 방문객들을 벽을 따라 안내하며 그림을 설명해 주었는데, 방문객들은 그림에 대한 설명을 잘 알아듣지 못했고 잘못된 찬사를 던졌다. 조명은 끔찍했고, 주변 환경도

형편없었다. 가구도 몰취미했다. 그러나 수집가는 마네Manet, 쿠르베Courbet, 들라크루아Delacroix의 작품을 소장하고 있었다! 그가 가진 보물들이 그를 염려스러운 자부심으로 가득 채우는 듯했다. 그 자부심은 다른 사람들의 동의, 감탄, 몰입을 부추겼다. 우리가 경탄의 외침을 토해내자 그는 게걸스럽게 그 외침을 빨아들였다. 그 남자와 거장들의 작품, 그리고 주변 환경을 둘러보자니 마음이 불편해졌다. 이 남자는 그저 속물에 불과한 건 아닐까? 예술에 대한 건강한 사랑도 이론적인 사랑도 갖지 않은, 오직 병적인 열정만 간직한 수집가가 아닐까?……

우리는 그렇게 그림 수집가의 장황한 설명을 들었다. 나는 오귀스트에게 얼마 전 베스트팔렌 주 하겐에 있는, 선구적 영혼을 지닌 유명한 예술 후원가*를 방문했던 이야기를 들려주었다. 위대한 예술가 반 데 벨데*가 건축한 그의 저택 안에는 현대 거장들의 작품이 살고 있었다. 나는 넓은 홀에서, 황홀한 표정을 한 아이에게 신비한 꽃을 건네는 다섯 명의 여자를 그린 그림을 감상하며 집주인을 기다렸다. 그 그림은 호들러*의 〈선택받은 자〉였다. 그 저택의 문지방을 넘자마자 나는 그 작품 속에 깃든 영혼을 느낄 수 있었다[1].

가구가 놓인 다른 방에서는 위대한 뷔야르*의 그림과
고뇌에 찬 반 고흐의 그림, 고요한 고갱의 그림이 영적인
분위기를 만들어냈다. 커다란 창문 너머 정원에서는 마욜*의
커다란 조각상이 햇빛을 받아 하얀 빛을 발하고 있었다. …
기분 좋은 몽상이 저택 구석구석을 감싸고 있었다. 나는 심오한
인상을 마주하고는 차츰 경탄에 사로잡혔고, 저택 안에서
미소 지으며 훌륭한 지성과 선의의 빛을 퍼뜨리려고 애쓰는
젊은 남자에게 진한 형제애를 느꼈다.

반면 오늘날의 빈 회화를 보자. '빈 분리파*'의 문턱을
뛰어넘으면 정면 홀에서(높은 데서!) 파리의 롤* 씨와 맞닥뜨리게
된다! 롤 씨는 '전국적인' 혹은 '프랑스적인' 위대한 사람이며,
빈 분리파의 중심인물이다! 얼마나 우스꽝스러운 깃발인가!
그들이 날개를 접자 우리의 열광은 잦아들었고, 우리를 위로해줄
만한 다른 그림을 찾았다. 그러나 허사였다. 진부함이 펼쳐지고,
그럴듯하게 포장된 하찮음이 드러날 뿐이었다. 그리하여 우리는
공중에 날린 20수를 아쉬워하며 한때 클림트와 호들러가 거둔
승리의 상징이었던 돔 지붕* 밑을 지나고 카를광장을 통과하여
'하겐분트* 전시회장'으로 향했다.

하겐분트 전시회는 그리 나쁘지 않았고, 다른 예술가 단체와

공동으로 노력한 흔적을 엿볼 수 있었지만 특별히 와닿는 것은
아무것도 없었다. 우리는 주저없이 의기투합하여, 오귀스트는
몹시 화를 내고 나는 몹시 슬퍼하면서 퀸스틀러하우스
Künstlerhaus에서 열리는 빈 반동파 화가들의 전시회를 포기했다.

맙소사, 그렇다면 진정한 감동은 어디에 있단 말인가?
우리는 무척이나 지쳐 피곤한 몸을 이끌고 미트케Mietke
전시관에서 콜로만 모저*의 작품을 보았다. … 아, 그러나
낭패였다. 빈의 현대 회화에서 거기로 넘어가다니! 거기서도
허탈감만 맛보았을 뿐이다. 루나 파크 놀이동산도, '클라인
베네디히'*도 그 허탈감에서 우리를 구원해주지 못했다!
유명한 몇몇 프랑스 화가의 그림이 전시된 현대미술관은
닫혀 있었다! 현대미술관이 영감을 발휘했고, 그 영감은
우리를 왕립미술관*으로 인도했다. 우리는 호화스럽게 치장된
그곳 복도로, 그곳에 전시된 피터르 브뤼헐*의 강렬한 그림으로
이끌려갔다. 브뤼헐의 그림은 생에 대한 열정과 기이한 상상력이
넘쳐흘렀다. 그 놀라운 인상파 화가는 쿠르베보다 300년이나
전에 태어났다. 브뤼헐은 〈계절〉과 〈농민의 춤〉에서 영혼을 다해
생의 환희를, 힘과 기쁨을 주는 선한 지구에 대한 경탄과
사랑을 노래했다. 왜냐하면 이 세상은 아름다움과 건강함으로

충만하기 때문이다.

    빈 회화에서 기억에 남는 것은 이것뿐이다. 벨라스케스Vélasquez의 화려함은 뮌헨에서는 너무도 강렬했지만 이곳 빈에서는 혐오감을 주었고, 루벤스Rubens의 육체적 풍만함도 이곳에서는 부담스러웠다. 사실 빈은 음악으로 유명하다.(나는 이곳의 음악을 개괄적으로 살펴본 적이 있는데, 그때 말러가 이곳 오페라 극장의 지휘자였다.) 또한 빈은 바로크 양식의 건축물로도 유명하다. 그런데 바로크 양식으로 지은 기품 있는 건물들이 오늘날 사라져간다. 현대 건축이 붐을 이루면서 17세기와 18세기에 지은 왕족의 집들이 가차없이 허물어졌고, 오래된 프랑스풍 공원이나 쇤브룬궁, 벨베데레궁* 정원에서나 바로크 양식 건축물을 겨우 찾아볼 수 있게 되었다. 부주의한 탓에 나는 아우가르텐Augarten궁을 잊고 보지 못했다. 빈의 대로를 가득 채운, 젊은 건축가들이 최근에 지은 천박하고 과장된 건축물에서 위안을 삼을 수도 있었다. 건축물은 터무니없긴 했지만 상식도 갖추고 있었다. 하지만 이러한 위안에 쉽게 다다를 수 있는 것은 아니다. 비상식이 우글거리는 이 과밀한 도시에서 그런 건축물을 찾아내려면 전문적인 감각이 필요하기 때문이다.

동화되려는 노력에도 불구하고, 빈에 대한 인상은 결국 회색이 되어버렸다. 몰취미하게 돈만 쏟아 부은 느낌이 빈의 대기를 짓누른다. 빈은 색이 바랬으며, 보는 사람의 기분을 거스른다. 빈은 그곳을 스쳐 지나간 우리에게 잿빛 도시로 남았다.

1 이때가 1910년이었다.

도나우강

오리엔트 특급열차는 연착하지 않았다. 으르렁거리고 쉭쉭 소리를 내며, 서글프게도 주요 역에 겨우 몇 분씩만 머무르면서 여러 나라를 가로질렀다. 창밖으로 스쳐가는 아름다운 자연을 감상하기란 불가능했다. 심지어 열차가 자연의 아름다움을 해치는 것 같았다. 오리엔트 특급열차를 타면 평원을 흘러가는 마리차강이나 아드리아노플의 글로리아 데오le Gloria Deo에 솟은 비할 데 없이 훌륭한 세 모스크를 감상하는 것도 포기해야 한다. 그래서 우리는 오리엔트 특급열차를 타지 않기로 했다.

지도를 보니 알프스에서 흑해까지 큰 강이 흐른다. 그 강은 사막처럼 황폐하거나 언제나 물에 잠겨 있는 평원을 가로질러 흘러간다. 지도 위에 철도를 뜻하는 붉은 선들이 파란 강줄기에서 거리를 두고 여기저기 뻗어가거나 강물을 가로질러 뻗어간다. 도나우강을 건너가는 여행자나 상인들은 바퀴가 달린 큰 배를 이용한다. 여름이면 배가 매일같이 강을 오르내린다.

겨울에는 배의 왕래가 좀 뜸해진다. 배를 타고 여행하는 것은
아주 편안하다. 아래층 뱃머리 쪽에는 이등석 승객들이 사용하는
공동침실과 식당이 하나씩 있고, 흡연실도 하나 있다. 그러나
외부에 노출되어 있어서 바람이 몹시 세다. 기관실을 사이에 두고
이등석과 일등석이 분리된다. 기묘한 짐을 든 농부들은 기름이
탈 때 나는 악취가 풍기는 곳에 우글우글 모여 있다. 전통적인
옷을 입은 투박한 사람들은 자기들 눈에는 무척이나 매력적으로
다가오는 유럽 문화를 맛본다. 유럽 문화는 처음엔 그들을
매혹하고, 결국엔 그들을 당혹케 할 것이다. 농부들의 볼썽사나운
옷차림은 국경을 넘어가면서 오스트리아, 헝가리, 세르비아,
불가리아, 루마니아로 넘어가면서 조금씩 바뀐다. '푸스타•'의
반짝이는 자수가 세르비아의 어둡고 조밀한 자수로, 하얀 모피가
검은 모피로, 검은 무늬를 박아 넣은 하얀 양모가 갈색 천연
양모로 바뀐다. 발칸반도에 사는 수천 마리 양이 양모 재료를
공급한다. 가끔 문명과 멀리 떨어진 곳에서 온 듯 보이는
사람들도 있었다. 그들은 네모난 천을 가느다란 줄로 엮어
몸에 걸치고 있다. 그 천을 매일 입고 벗는 것은 퍽 고생스러운
일일 것이다. 그들은 양과 말을 데리고 잿빛 '푸스타'나 황폐한
발칸반도의 별 아래에서 밤을 지새우며 살아가는 사람들이었다.

일등석은 매우 안락했다. 곳곳에 고상한 붉은 벨벳 좌석이 놓여 있고, 흡연실 탁자 위에는 꽃도 있었다. 널찍한 갑판에는 안락한 의자 여러 개가 놓여 있고, 비와 햇살을 막아주는 커다란 천막 아래에는 흔들의자가 놓여 있다. 배 안에서는 싼값으로 먹고 마실 수 있다. 운임도 얼마 되지 않는다. 빈에서 베오그라드까지 이등석 학생 요금으로 10프랑을 냈다. 우리는 스페인 거지만큼이나 형편이 좋지 않았으므로, 힘들고 불편한 아래층 뱃머리 쪽으로 물러나야 했다. 곧 요령이 생겨 배 위로 올라갈 때마다 제복 입은 사람에게 이렇게 말했다. "미안합니다만 선장님, 일등석이 이등석과 비교가 안 될 만큼 멋지네요. 학생인 우리가 보기에도요……." 그러면 빈 사람이거나 마자르 사람, 루마니아 사람인 그 신사들은 말 없이 호의를 베풀어주었다. 우리는 단돈 몇 프랑으로 천막 아래 놓인 흔들의자나 흡연실 벨벳 의자에 앉아 도나우강을 여행했다!

어느 날 밤 10시, 우리는 빈 교외 어느 구석에서 배낭을 메고 바구니를 든 농부 무리와 함께 배를 탔다. 배는 다음날 아침 출발할 예정이었고, 그들도 우리처럼 공짜로 하룻밤 묵으려고 배에 올랐다. 그 사람들은 삼등석 표를 갖고 있었다. 따라서 몸을 따뜻하게 하려면 사방이 노출된 갑판 위에 짐을 몇 층으로 차곡차곡 쌓은 채 서로 몸을 바싹 붙이고 밤을 지새워야 했다.
이날 우리는 앞에서 말한 것처럼 벨벳 좌석에서 마음 편히
즐기지 못했다. 우리는 왁스 칠한 방수포로 된 의자에 재빨리 가서
몸을 뉘었다. 다른 승객들도 와서 몸싸움을 했다. 우리는 깊이
잠들었다. 그러나 다른 승객들은 거의 밤새도록 카드놀이를 했다.
탁자를 주먹으로 치고, 감탄사를 터뜨리며 손가방을 두드려댔다.
사람들이 피우는 시가가 짙은 안개를 만들어내 너무 환한
불빛과 어우러져 눈을 혹사시켰다. 어떤 노인은 감기에 걸렸는지
쉴 새 없이 기침을 하고 5분마다 불평을 해댔다. 서유럽 사람들은
동방에 대해 성급히 판단해버리는 경향이 있다. 요컨대
매우 깨끗한 나라를 몹시 불결하다고 생각한다. 그 노인도
그런 사람 같았다. 심지어 오귀스트도 밤이면 가끔 눈에
보이지도 않는 벌레를 잡겠다며 소란을 떨었다. 이른 아침이 되자,
지체 높은 승객들이 배에 올라탔고, 배는 거센 바람에 맞서
부다페스트 쪽으로 나아갔다. 글을 잘 쓸 줄 모르는 내가
이 항해에 대해 뭐라고 말을 해야 할까? 기껏해야 나는 수천 년 전
사람들이 이 땅에서 만든 기억들에 불명확하고 단순한 흔적을
덧붙일 뿐이다. 그 땅에서 나는 이 글을 쓴다. 사실 글을 쓰려면
주제를 전체적으로 파악해야 한다. 그러나 나는 주제를

전체적으로 파악하기보다는 매혹되고 짓눌렸다. 이번 여행에서
내가 받은 인상은, 고백하건대, 전혀 예기치 못한 것이었다.
그 인상은 천천히 나를 사로잡았다. 부쿠레슈티로 가는 사흘간의
여정이 우리에게는 보름만큼이나 길게 느껴졌다. 우리는
갑판 위에 머무르며 끊임없이 합쳐지고 새롭게 바뀌는
주변 경치를 감상했다. 무릎 위에 놓인 책은 계속 덮여 있었다.
그것은 대단한 행복, 고요한 기쁨이었다. 그런 행복과 기쁨을
생기 없고 무능하게 묘사한 나를 부디 용서해주시길!
대도시의 불결한 강물은 곧 탁한 흰빛을 띠었고, 그 다음엔
파래졌다. 사람들은 슈트라우스의 〈아름답고 푸른 도나우강〉에
맞춰 즐겁게 왈츠를 추었다. 나는 그 강물이 진주가 녹아든
파란색이라고 생각했다. 그래서 저녁이면 오팔처럼 영롱한 빛을
발하는 거라고. 우리는 그 거대한 강물의 빠른 흐름을 타고
내려갔다. 그러나 나는 상상 속에서 그 강을 거슬러 알프스
산맥 쪽으로 올라갔고, 고향을 떠나 베를린으로 출발하던 날
저녁을 기억해냈다. 그때는 참 불안했다. 너무나 불안한 나머지
환영까지 보았다. 라티스본에서 멀지 않은 도나우슈타우프산의
묘지가 나를 보고 웃는 환영이었다. 어둠에 덮인 갈색 평원에
붉고 큰 뱀이 가만히 엎드려 있었다. 그 절대적 고요함이

나를 아프게 했다. 나는 다시 상상에 잠겨 뱃머리가 가리키는
방향을 바라보았다. 동방으로 들어가는 마법의 문 베오그라드가
강이 굽어지는 곳에 누워 있었다. 다음에는 세기의 전투로
피를 흘리는 카산의 비극적인 메아리가 이어졌다. 그리고
'아이언 게이트*'는 트라야누스 황제의 보병대가 '독수리'
깃발을 들고 행군하던 곳이었다. 성스러운 그 길은 루마니아의
황금빛 밀밭 속으로 몽롱하게 뻗어 있었다. 그곳에서는 하늘마저
빛 속으로 사라졌고, 소리가 영원히 입을 다물었다. 아래에는
동방으로 흘러가는 강물만 존재했다. 나는 불안한 마음으로
이제부터 내 앞에 펼쳐질 우여곡절을 가늠해보았다.

    믿을 수 없을 만큼 괴괴한 고독이 한동안 계속되었다.
몇 시간 동안 배의 왼쪽과 오른쪽에 햇빛을 받아 빛나는
파란 물결밖에 보이지 않았다. 물결이 뱃전에 다다라 뱃전을
잠기게 했다. 구불구불한 땅은 얼마 보이지 않았고, 오직
하늘만 시야 가득 펼쳐졌다. 우리가 탄 배는 마치 유령처럼
그 속을 헤엄쳤다. 파란 강물이 하늘을 빨아들이는 것만 같았고,
강물과 하늘을 어떻게 구분해야 할지 알 수 없었다. 생명은
오직 하늘에만 있었다. 구름은 강물에 비쳐 춤을 추며 일렁였다.

    주변에는 집 한 채 없었다. 강을 거슬러 올라오는 배 한 척도

없었다. 가끔 당당한 예선이 배들을 거느리고 위엄 있는
태도로 행진했다. 종종 자그마한 부교와 야간 경비원을 위한
작은 초소가 보였다. 길 하나가 넓은 '푸스타' 쪽으로 도망치듯
지나갔다. 마부들이 말을 데리고 부교에서 기다리고 있었다.
한때 아틸라˚의 전사, 자부심 강하고 용맹한 마자르족˚에 속했던
그들은 이제 마구를 사용하지 않는다. 그들도 먼지 소용돌이
속으로 자취를 감추고 침묵이 다시 찾아왔다.

   또다시 고독. 강 한가운데 정박한 배 위에 물레방아 여러 개가
늘어서 있었다. 물레방아는 아주 작고 매력적이었으며 방주처럼
닫혀 있었다. 물레방아에는 회전판이 갖춰진 두껍고 큼직한
바퀴가 잇대어져 있었다. 물레방아는 마치 방주처럼 잿빛을 띠고
우뚝 서 있었다. 세련된 광주리처럼 작고 섬세한 물레방아는
중국에서 온 물건 같았다.

   오전에 스핑크스 같은 거대한 바위 하나가 나타났다.
바위 꼭대기에 긴 기둥 하나가 솟아 있었고, 그 위에
성모마리아상이 있었다. 울퉁불퉁한 측면에는 짧은 풀이
자라나 오래된 성벽과 소탑까지 침투해 있었다. 프레스부르크˚
요새는 그렇게 산봉우리에 솟아 있었다. 호전적인 분위기를 띤
요새는 잠시 후 파란 물결과 잿빛 평원 뒤로 모습을 감추었다.

다시 '푸스타'가 끝없이 펼쳐졌다.

마치 아마존 강 위에 있는 것 같았다. 그 정도로 강기슭이 멀었고, 나무가 빽빽한 숲은 탐험하기 힘겨워 보였다. 오후가 되자 하늘에 작고 둥근 구름이 흐릿하게 나타났다. 이제는 지평선만 눈에 들어왔다. 구불구불한 강줄기들이 지평선을 한쪽 끝에서 다른 쪽 가장자리로 이어주었다!

만약 내가 이 강기슭을 지나다니는 어부나 상인이라면, 나는 중국인들처럼 나무를 깎아내 신상을 만들고, 이 강을 신처럼 숭배할 것이다. 노르만인이 그랬던 것처럼 내가 탄 배의 뱃머리에 그 신상을 세워둘 것이다. 하지만 내 종교에는 두려움이 전혀 없을 것이다. 내 종교는 평온하고 경탄스러울 것이다. 에스테르곰*이 나타났다. 윤곽이 기묘했다. 정육면체 모양 건물 위에 놓인 둥근 지붕을 기둥 여러 개가 떠받치고 있었다.* 이 멋진 광경을 멀리서도 충분히 알아볼 수 있었다. 건물의 외관은 감탄이 터져 나올 만큼 리듬감 있었고, 주변 산봉우리는 그 건물에 제물을 바치듯 도열해 있었다.

마침내 초록색 하늘 밑에서 모든 것이 시적 정취에 빠져들었고, 강물에는 검은색과 금색 부챗살 모양의 산그늘이 비치고 분홍빛 물결이 일렁였다. 솟아오른 산이 확고한 윤곽으로 우리를 감쌌다. 그것은 우리가 예측했던, 그러나 예측한 것보다 훨씬 더 조형적인 그리스 산에 대한 보랏빛 상기였다. 그리스 산은 바위로 이루어져 있고, 강이 아니라 부채꼴의 바다가 산을 비출 테니까.

  우리는 아카시아 잎이 매우 부드럽게 깔린 바츠에서 내렸다. 잊을 수 없는 이 낮 시간을 부다페스트에서 마치는 것은 전혀 어울리지 않았기 때문이다. 하지만 다음날 정오가 되자 숨이 막혔다. 우리는 교외 열차를 타고 부다페스트로 향했다. 나들이옷을 입은 농부들이 열차 안에 있었다. 잘생긴 남자들이었다. 젊고 다부졌으며, 윤이 나는 검은 옷을 입고 있었다. 단춧구멍이나 모자에는 장미꽃이 세 송이, 네 송이씩 꽂혀 있었다. 여자들의 갈색 피부는 단단하고 건강했다. 옷차림은 특별할 것이 없었지만 여자들도 손에 장미를 쥐고 있었다. 장미 빛깔은 살빛과 같은 분홍색, 핏빛과 같은 붉은색, 호박과 같은 노란색, 백대리석 같은 흰색 등 다양했다. 장미는 여자들이 두른 검은 앞치마에도 그려져 있었다. 마치 역사박물관에 소장된 부유한 18세기 농부들의 장식판을 보는 것 같았다.

  나는 왜 부다페스트를 이해하지 못하면서, 부다페스트를

사랑하지 않으면서 부다페스트에 대해 이야기할까? 나에게 부다페스트는 여신의 피부에 생긴 부스럼 같았다. 회복할 수 없을 만큼 망가진 이 도시를 보기 위해서는 성채 위로 올라가야 한다. 도시를 둘러싼 성채 주변의 산은 가슴 떨리게 하는 감동적인 생명체다. 산은 경계 없이 솟은 맞은편 산을 강력한 생명력으로 밀집시킨다. 도나우강이 그 산을 굽이굽이 휘돌아 흐르고, 풍부한 젖과 꿀이 흘러 평원을 적신다. 그러나 그 평원 위에 검은 연기가 천천히 피어오르기 시작했다. 50년 동안 80만 명의 주민이 거기에 몰려들었다. 외적인 팽창 속에 숨겨진 무질서가 이 도시를 수상쩍게 만들었다. 어떤 사람들은 공공건물의 웅장한 규모에 감탄한다. 하지만 나는 다양하고 서로 대립하는 건축 양식을 과시하는 데 충격을 받았을 뿐이다. 그런 양식의 건물들이 강을 따라 줄지어 늘어서 있지만, 강에 조화로운 모습을 부여하지 못한다. 도시 높은 곳에는 기괴한 궁전 하나가 최근에 복원된 오래된 성당 옆에 나란히 기대어 있다.

    하지만 산 위 성채와 더 가까운 곳에 오래된 누옥들이 있다. 누옥은 아카시아 사이에 꽃처럼 늘어서 있다. 단순한 누옥의 벽이 서로 합쳐지고, 벽에서는 나무가 자라난다. 누옥은 울퉁불퉁한 땅 위에 자연적으로 생겨난 것만 같다. 우리는 어둠이 내린

타반*에 밤의 모임을 위한 작은 불빛들이 켜지는 모습을
지켜보면서 평화로운 산 위에 몇 시간 머물렀다. 주변은 고요했다.
갑자기 말로 표현할 수 없을 정도로 슬프고 느린 노랫가락이
솟아올랐다. 색소폰 또는 잉글리시 호른 소리였다. 〈트리스탄과
이졸데〉에서 트리스탄이 죽을 때 목동이 피리로 연주하던
곡조를 들을 때보다 더 큰 감동을 느끼며 그 소리를 들었다.
모든 것이 잠잠히 가라앉은 자연 속에 기묘하고 숭고한 음조가
울려 퍼졌다.

 독자들이여, 아름답고 위대한 도나우에 대한 원고가
편집자의 가위에 잘려나간 사실을 여러분은 아는가? 도나우강의
작은 회색 물레방아는 우리가 부다페스트에서 보요로 내려가던
밤 나에게 무척 강한 인상을 주었다. 달빛 아래 흐르던 침묵,
검은색과 흰색의 교차, 그리고 불변하는 풍경이 감춘 웅장한
음모의 느낌이 있었다. 멀리 물결 위에 불빛이 나타날 때마다
망루에서 울려 퍼지는 서글프고 외로운 종소리가 고요한
침묵을 군데군데 갈랐다. … 이런 내용이 수석 편집자의 손에
잘려나갔다. 덕분에 나는 나폴레옹 같은 외투에 감싸인 채
달빛 아래 삭풍을 맞으며 관 앞에 혼자 서 있는 어리석은 자의
모습으로 여러분에게 비쳐졌다! 심지어 나는 말로 표현할 수 없는

그 자리에서 '존재하지 않을' 뻔했다. 결국 나는 편집자에게
항의했다! 특히 보요에 대한 묘사는 여러분이 볼 때 앞뒤가
맞지 않고 이해하기 어려운 묘사로 보였을 것이다! 가련한 보요여!
한 사람의 초상화에서 머리와 상반신 끄트머리, 다리 하나를
제거하고 새로운 초상화를 만드는 것과 무엇이 다른가!
보요의 평원으로 열린 널찍한 수로에 대해서도 할 말이 많다.
편집자는 그것을 '기분전환 거리diversion'로 교정했지만,
사실 그것은 '분출구déversoir'라는 의미였다. 나는 편집자의 가위가
불확실한 문장을 친절하게 다듬기 위해 작용한다는 사실을
잘 안다. 그들의 인정 넘치는 의도를 이해한다. 아무튼 나는
그들에게 고마움을 느낀다. 왜냐하면 용기가 필요한 고백이지만,
나는 글 쓰는 법을 배우지 못했고, 그래서 정련된 표현을
여러분에게 제공하지 못하기 때문이다. 나는 그저 사물의 장관을
눈으로 보고 느끼면서, 내가 만난 아름다움을 진실한 말로
여러분에게 전하려고 노력할 뿐이다. 하지만 그럴 때마다
내 문체는 흔들리고, 사물에 대한 내 이해력도 흔들린다.
처음 글을 보냈을 때 편집자는 우리 삼촌이 화를 내지 않을지
걱정했다! 삼촌이 우리의 시각 차이를 글에 언급한 것에 대해
기분 상해할 거라고 말이다! 편집자는 절충안으로 '삼촌

한 분'을 '친구 한 명'으로 바꾸자고 나를 설득했다. 그러나 그 말을 한 사람은 삼촌이었고, 그 부분을 그대로 남긴 덕분에 글은 더 재미있어졌다. 몇 안 되는 지인들에게 전혀 트집을 잡히지 않고 산다면, 오히려 무관심하다고 죽을 때까지 원망을 들어야 할 것이다!

나는 시골 도자기에 대해 쓴 글을 많은 사람들이 읽어주기를 바랐다. 도자기의 색채는 '항상' 그런 것은 아니지만 상징적인 경우가 '자주' 있다. 나는 다시 도자기에 대해 이야기하고 있다! 글을 쓰면서 나도 모르게 애초에 하려던 이야기에서 벗어나버리는 치명적인 결함이라니! 카리브디스를 피하려다 스킬라와 맞닥뜨린 격이라고나 할까!* 이제 보요와 베오그라드 사이를 흐르는 도나우강으로 다시 돌아가자. 물결이 멀리 펼쳐진 평원을 물어뜯으려 한다. 평원에는 물웅덩이가 파여 있고 회색 가지를 뻗은 굵은 버드나무가 솟아 있다. 버드나무는 굴곡이 심해서 차라리 바위처럼 보일 정도였다. 거기에는 또한 거위 떼와 말들이 있다. 그런 것들이 모두 지평선 위에 나란히 늘어서고 겹쳐 있어 무엇이 무엇인지 혼동되었다. 마치 기하학적인 도면처럼 말이다. 그 도면은 바로 끝나는 부분이 없고 생명이 우글거리는 '푸스타'다. 왜가리 몇 마리가 육중하게 날아오른다.

그 모습이 마치 일본의 나무 그림에서 볼 수 있는 장식적인 문양 같다. 드물긴 하지만 그리 높지 않은 곳에 독수리 한 마리가 날아가기도 했다.

우리는 잠시 미학에 대해 열띠게 토론했다. 전날 만난, 프라하에서 온 건축과 대학생이 물 위에 과감하게 놓인 철교에 대해 맹렬한 비난을 퍼부었다. 철교는 생김새가 거의 비슷했다. 길고 딱딱해 보이며 들보에는 투조 장식을 해서 구멍이 숭숭 뚫려 있다. 기술과 가벼움의 걸작이다[1]. 건축과 대학생은 철교를 구성하는 철근과 볼트 하나하나가 철저히 계산되는 건축 사무실의 분위기를 상상하고는 그 다리를 경멸하기만 했다. 하지만 우리는 그것이 멋진 현대 기술이라고 옹호했고, 예술이 새로운 조형적 표현과 과감한 재현을 통해 고전적 속박을 뛰어넘어 건축가에게 새롭고 찬란한 장을 제공한다고 역설했다. 파리의 기계박물관과 북역, 함부르크역이 그렇고, 자동차, 비행기, 여객선, 기관차도 그렇지 않은가. 그러나 그 대학생은 계속 흥분 상태였다. 그는 그런 철교에는 코린트식 건축물의 기둥에서 볼 수 있는 아칸더스 잎 장식이나 포세이돈 조각상을 만들 수 없음을 안타깝게 여겼다. 반면 철교는 특급열차처럼 속도감 있게 뻗어 있었고, 과거의 그런 전통을 유지하지도 방해하지도 않았다.

우리는 밤이 되었을 때 베오그라드에 도착했다. 그리고 이틀 내내 실망을 느꼈다. 오, 무척이나 심하게, 결정적으로! 베오그라드는 부다페스트보다 100배는 더 어정쩡한 도시였다! 사실 우리는 '동방의 문'다운 도시를 상상했었다. 다채로운 생명체가 우글거리고, 섬세한 깃털 장식에 옻칠한 번쩍거리는 장화를 신은 화려한 기사들이 가득한 도시를!

그러나 베오그라드는 최악의 수도, 상스럽고 불결하고 혼란스러운 도시였다[2]. 그러나 부다페스트처럼 볼거리는 많았다. 어느 외딴 곳에 세련된 민속박물관이 있었는데, 그곳에는 양탄자, 의복 그리고 크냐제바츠나 발칸반도 북쪽에서 우리가 보려고 한 아름다운 세르비아 도자기가 있었다. 우리는 안전하지 못하고 어지럽게 불가리아 국경을 따라 나 있는 벨기에선 철도를 타고 북쪽으로 갔다. 철도 옆 협곡에 '전략상 중요한' 새로운 철도를 건설하고 있었다. 철도가 건설되는 곳은 불가리아에서 총을 쏘면 곧바로 닿는 지역이었는데, 1년 뒤에는 벨기에선이 아예 폐지된다고 했다. 터널 뚫는 일을 맡은 프랑스 기술자들은 이 이야기를 우리에게해주고는 말도 안 되는 일이라며 눈물을 흘렸다.

우리는 걷기도 하고, 이륜마차를 타기도 했다. 세르비아 시골은 정말이지 멋졌다! 길에서는 카밀레 향이 풍기고, 들판에서는 밀 이삭이 일렁였다. 고원에서는 끝이 보이지 않는 옥수수밭이 검은 보랏빛 땅 위에 나른한 아라베스크 무늬를 그리고 있었다. 네고틴의 묘지는 묘지의 '전형'이었다. 앞으로 묘지에 대해 많이 언급할 것이다. 그러니 스탐불 이야기가 나올 때까지 기다리자.

'카산의 울음소리'는 이 협로에 울려 퍼지는 메아리에 대한 허세 가득한 농담이었다. 베를린에 있는 한 친구는 이곳의 겨울에 대해 나에게 이렇게 써 보냈다. "하늘이 온통 검어지고 천둥이 몰려와도 그 소리보다 대단하진 않을 거야."

철문!* 우리는 그런 것을 발견하지 못했다. 그것을 되살리는 법도 알지 못했다! 현대적인 형태의 흉물스러운 제방 하나가 서 있었을 뿐이다. 그것은 영혼이 텅 빈 기술자가 만든 몰취미한 건축물이고, 우리는 이곳 이름에서 연상되는 이미지를 영원히 빼앗긴 것이다! 트라야누스는 이곳 바위를 긁어내고 깎아내 매우 아름다운 기록을 우리 가슴속에 남겼다.

도나우강은 흘러가면서 다른 양상을 띤다. 갈색 물결이 격렬하고 힘하게 흐른다. 갈색 물결이 요동치는 곳은 불가리아 땅이다. 그 건너편에는 헐벗은 갈색 모래언덕이나 물에 잠긴 평원이 펼쳐지는데, 그곳은 루마니아 땅이다. 높게 넘실거리는 강물에는 비극적인 침묵과 고독이 끈질기게 달라붙어 있다. 반면 베오그라드 근처를 흐르는 강물은 너무나 평온하고 푸르렀다! 돔 지붕 같은 언덕이 보였는데, 이따금 무너져 내린 언덕도 있었다. 군데군데 누런 흙을 드러낸 잔디밭은 다시 풀로 덮이기를 기다리고 있었다. 거기에는 나무 한 그루, 관목 한 그루 없었다. 장엄한 불모지만 있었다. 집도 전혀 보이지 않았다. 생명체가 존재한다는 유일한 신호는 기슭에 부딪치는 거친 물결뿐이었다. 그날 아침 강에는 거품이 이는 물결이 가득했고, 강기슭은 조용했다. 갑자기 둥근 언덕 하나가 움직이더니 아래로 내려오기 시작했다. 우리는 급격한 산사태가 일어나 갈색 흙더미가 무너지는 줄 알았다. 알고 보니 목동이 몰고 내려오는 양 떼였다.

두세 개 모래언덕 한가운데 마을 하나가 웅크리고 있었다. 보랏빛이 도는 지붕과 깔끔하게 다시 칠한 집 정면이 아카시아 아래로 사라져갔다. 빈을 떠난 지 열나흘째 되는 날이었다. 저녁이면 부쿠레슈티에 도착할 예정이었다. 그러면 우리의 새 친구가 된 이 큰 강을 더는 보지 못할 터였다. 일주일 뒤면 불가리아로 건너가기 위해 이 강을 다시 건널 테지만, 시프카에서 방향을 틀어 곧장 동쪽으로 가야 했다.

　우리는 세르비아의 네고틴에, 하얀 담장으로 둘러싸이고 포도덩굴이 덮인 어느 여인숙 뜰에 멈추었다. 포도덩굴 때문에 식탁보 위까지 초록빛 그늘이 드리워졌고, 밖에서는 정오의 태양이 평원을 뜨겁게 달구었다. 소도시의 이름 모를 부르주아들이 서른 명가량 모여 조금은 맥 빠지는 결혼식 피로연을 벌이고 있었다. 몇몇 수다쟁이들은 이따금 별다른 감흥도 없이 건배를 제의했다. 뚱뚱하고 혈색이 붉은 한 남자만 열띤 장광설을 늘어놓았다. 그 남자는 시끄러운 가운데 눈을 굴리며 다른 사람들이 찬사로 대꾸하기를 기다렸다. 집시들도 있었다. 열 명에서 열다섯 명쯤 되는 남자 집시였다. 그들은 탁자 앞에 자리 잡고 앉아 쉬지 않고 이국적인 노래를 연주했다. 그들이 만들어내는 새로운 리듬에 익숙해지기란 쉽지 않았다. 서유럽의 음악 교육은 우리가 만든 음악에만 너무 한정되어 있는 것이다. 음악회에 가도 늘 듣는 평범한 음악만 듣게 된다. 새로운 음악도, 오래된 옛 음악도 연주하지 않는다.

　그러는 사이 여인숙 뜰은 이내 음악으로 가득 찼고, 한 시간쯤 지나자 나는 그 음악에 완전히 사로잡혀 열광했다.

'러시아 성가'에 대한 기억이 되살아났다. 소프라노의 날카로운
소리, 두성, 어린이 합창단의 소리로 이루어진 기교를 부린
성가였는데 매우 새롭게 들렸다. 그들이 사용하는 악기가 우리의
악기와 달라서 그런 것이 아니라 성가의 리듬과 화음이 새로운
조합이었기 때문이다. 그것은 우리가 알지 못하는 개인주의
시대인 우리 시대에는 불가능한 일종의 상징주의 음악이었다.
아그레네프 슬라뱐스키 합창단을 통해 드넓은 강이 끝없는
스텝 위를 천천히 흘러가는 것을 느꼈다면, 네고틴에서 나는
배 위에서 갈망했던 신의 목소리를 들었다. 넓은 도나우강과
도나우강에 입 맞추는 '푸스타'가 고요한 지배자인 신에게 찬가를
바치고 있었다. 그것은 또한 넓은 대지에 임시로 거처하는
사람들, 변화와 끝없는 방랑, 전적인 자유를 사랑하는 사람들이
신에게 보내는 격렬한 탄식과 번민의 호소였다. 그러면서 그들은
자신의 영혼에 위엄을 부여한다. 분홍빛, 초록빛, 파란빛으로 물든
황혼이 내리면 사람들이 화덕 옆에 웅크리고 앉아 노래를 부른다.
그리고 내면에서 요동치는 뜨거운 영혼에 항복한다. 그 평원과
꽃은 관념적 이해를 허락하지 않고 감성적 느낌만을 허락하므로,
주관과 몽상의 예술인 음악을 통해서만 표현될 수 있었을 것이다.
    아름다운 도나우강은 집시의 음악과 유희를 통해 신처럼

숭배받았다. 그 음악은 헝가리 민속춤 '차르다스'와 비슷했다. 바이올린과 첼로, 콘트라베이스로 구성되어 있었다. 사악한 심벌즈 소리는 없었다. 그들의 우두머리 격인 음유시인이 자기 민족의 노래를 불렀다. 그는 자기 느낌에 따라 즉흥적으로 곡조를 만들었다. 곡조는 기가 막히게 자유분방했다. 미리 정해진 것은 아무것도 없었다. 그가 떠오르는 대로 곡조를 읊조리면, 다른 사람들은 한탄하기도 하고 황홀해하기도 했다. 그는 그야말로 자기 마음의 움직임에 충실하게 곡조를 토해냈다. 몇 안 되는 청중은 관능적인 전율에 휩싸였다.

   솔로를 맡은 집시가 부드럽게 가사를 읊조렸다. 솔로는 대개 중간음으로 연주되었다. 그러다가 갑자기 집시들이 모두 입을 벌려 입체적인 곡조를 연주하기 시작한다. 모든 소리가 일제히 터져 나왔다. 악기가 피치카토로 혹은 구불구불한 아라베스크 선율로 기저부를 장식한다. 음유시인은 차르다스를 연상시키는 새로운 곡조를 읊조린다. 현악기가 음울한 멜로디로 그의 노래를 받쳐준다. 잠시 후 음유시인은 혼자서 희망과 꿈에 대한 노래를 한다. 그러자 뜨거운 태양 아래서 강철로 된 무기를 들고 영광스럽게 행진하는 군인들의 행렬처럼 기쁨과 희망이 솟아오른다. … 곧이어 콘트라베이스의 기름진 현이 장중한 소리를 내며 넓은 강처럼 범람하고 주변을 떨림으로 뒤흔든다. 솔로로 비가를 노래하는 집시의 목소리가 고조되는 동안, 주변에는 짙푸른 어둠이 내린다. 어둠이 내리기 시작하자, 움직이지 않고 영원할 것만 같던 지평선이 웅성거리는 땅과 별빛이 떠오르는 하늘을 멀리 떼어놓는다. … 이제 음유시인은 혼자 서 있다. 웅장한 기하학적 음악이 종결로 치닫고 있었다. 바흐와 헨델 그리고 18세기 이탈리아 음악가들만 이 같은 경지에 도달했을 것이다. 그들이 부르는 노래는 성의 망루처럼 위풍당당했고, 아라베스크 문양의 성벽에 뚫린 총안의 패턴처럼 유연했다. 실제로 우리는 그 전날 아침 마을 강가에서 성벽에 우뚝 솟은 스물여섯 개의 망루를 보았다.

사람들은 여인숙 뜰에서 향취 그윽한 포도주를 연거푸 마셔댔다. 프랑스 포도 생산자들이 이곳 언덕 위에 공들여 가꾼 보르도 품종 포도로 만든 루비 빛깔 포도주였다. 포도 생산자는 예술가들이다. 사람들에게 천국의 한 조각을 마시게 하니 말이다. 그렇다, 정말이다. 포도주는 사람을 횡설수설하고 거꾸로 걷게 한다. 모름지기 짐승이나 항상 똑바로 걷는다. 짐승은 타고난 감각과 상식에서 절대 벗어나지 않는다! 브라보! 신랑신부를 위해 물랭루주의 음악을 연주해 주지는 못했지만 그들 앞에 축복이

있기를! 그러나 내가 보기에 이곳에 모인 사람들(그들의 부모와
친구들)은 조금 불편하고 난처해하는 것 같았다. 이곳에서
그 사람들은 쓸모없다는 느낌마저 들었다. 그들은 불편한
느낌에서 벗어나기 위해 병 속에 담긴 루비 빛깔 포도주를
마구 퍼마셨다. 그들도 '잔치'가 열린 오늘 즐겁게 흥을 돋우고
싶었을 것이다. 아니면 아예 술에 취해 무감각 상태에 빠지기를
원했는지도 모른다. 나도 내 몫의 네고틴 포도주를 마셨다.
그리고 잠시 몽상에 잠겼다. 어떤 심리 드라마가 그 여섯 사람을,
신랑신부와 양가 부모를 결합하는 것을 나는 느꼈다. 집시들은
자기 민족에 대해, 수백 년 동안 죽은 자들로부터 노래를
전해 받은 위대한 자기 민족에 대해 읊조리고, 생각으로 무거워진
목소리를 드높여 신랑신부를 위해 노래를 불렀다. 그들의 음악은
우스꽝스러운 관습 때문에 그 자리에 앉아 있는 사람들 앞에 놓인
거북한 심연 같았다. 그 성가신 사람들이 썩 꺼져버렸으면 했다!
나는 그들이 말없이 자리에 앉아 앞에 놓인 요리를 먹고
포도주잔을 비우는 대신, 헐벗은 하얀 벽 앞에 앉아 있는 모습을
보고 싶었다. 아들 하나와 딸 하나를 세상에 낳아놓은 두 어머니와
두 아버지가 동맹관계를 맺고 돌아가고, 신혼부부가 이 근본적인
선물을 받아들여 혈통을 결합하길 바랐다. 그러면 영원성을

찬미하는 드넓은 평원에서 멜로페˚가 솟아오르고, 강물 소리가 끊임없이 들려올 것이다. 위대한 노래가 하얗고 헐벗은 방을 가득 채울 것이다. 혈통의 생명력이 감수성 예민한 두 영혼에게 깊이 스며들 것이다. 음악이 끝나면 두 어머니는 기쁨과 섭섭함이 뒤섞인 눈물을 흘리며 떠나고, 두 아버지는 과거와 미래에 대해 이야기하며 떠날 것이다. 그리고 나는 지나간 나날과 다가올 나날을 통틀어 이 순간과 동등한 가치를 지닌 순간을 갖지 못할 신랑신부만 헐벗고 하얀 홀에 남아 있기를 바랄 것이다!

오귀스트는 작은 병에 담긴 붉은 포도주를 연거푸 퍼마셨다. 그리고 어쩐 일인지 포도주 기운을 견디지 못해 결국 밤에 병이 나고 말았다!

1 다리 중 하나는 에펠의 작품이었다.
2 이것은 1911년에 받은 인상이다. 그때 나는 24세였다.
세르비아는 오랫동안 합스부르크가의 지배를 받고 있었다.
그러다가 1914년 6월 사라예보에서 폭동이 일어났고,
제1차세계대전이 발발했다.

부쿠레슈티

루마니아 왕비 카르멘 실바*에 대해
언젠가 내게 경탄을 늘어놓은 한 부인에게
보내는 편지

부인,
그게 언제였는지, 어디였는지 저는 기억하지 못합니다! 아마
카르멘 실바가 어떤 훌륭한 책을 막 출간한 무렵이었을 겁니다.
그녀의 책 『연대기』les Annales에는 시 쓰는 왕비의 초상화가
실려 있었습니다. 부인은 그녀의 소박한 치장과 고운 잿빛 머리칼,
상냥하고 선한 눈빛에 감동을 받았다고 했죠. 또한 『연대기』는
겸허한 외모 뒤에 예술가의 영혼이 불타고 있는 책이라고 부인은
소리 높여 말했습니다!
  그런데 부인, 저는 지금부터 당신의 우상을 파괴하려 합니다.
그녀의 흔적이 반짝이는 궁전을 제가 방문했기 때문입니다!

사람이 사는 거처는 그곳에 사는 사람의 영혼을 반영한다는
제 의견에 부인도 동의할 겁니다. 그렇지요? 제가 제 눈으로
직접 본 것만 이야기한다는 사실을 고려한다면 부인은 이 편지를
읽고 저를 용서하실 겁니다!

    부인은 엘 그레코*를 아실 겁니다! 그렇습니다. 도메니코스
테오토코풀로스 말입니다. 묻혀 있다가 3-4년 전부터 새롭게
조명 받는 화가지요. 기적과도 같은 그 일은 1908년 가을
살롱전Salon d'Automne에서 일어났습니다. 회고전은 그의
명예를 회복시키고 그를 재평가하게 했으며, 그림을 사랑하는
사람들에게는 퍽이나 큰 기쁨이었지요. 하지만 대부분의
미술사가들은 그전까지 무리요*, 수르바란*, 벨라스케스의
그림만 고집하며 엘 그레코를 별 볼 일 없는 화가로 치부했습니다.
위에서 언급한 이들이 엘 그레코라는 거장 앞에서 300년
동안이나 염치없이 고개를 뻣뻣이 쳐들고 있었던 셈이지요!
세잔만 엘 그레코의 진가를 알아봤습니다. 세잔은 회화의
선구자인 그에게서 300년 동안 봉인되어 있던 모더니즘의
싹을 길어 올렸습니다. 그러나 세잔은 이미 세상을 떠났지요!
19세기 후반 규모 큰 전시회들이 세잔이라는 천재에게 매년
단호하게 문을 닫은 것도 사실입니다. 세잔, 그 '성실한 화가'는

대중의 비웃음거리가 되어 숨을 거두었습니다. … 그러나 그는 정말이지 쿠르베와 마네를 키워낸 위대한 사제였습니다.

　세상에! 당시 파리의 대중은 다른 도시의 대중과 다를 것 없는 반응을 보였습니다! 사실 파리의 대중이 보인 반응은 평범함에 열광하고 새로운 시도와 노력에 본능적으로 반대하는 상식의 굳건한 표현이었습니다. 파리의 대중은 예술의 위대한 본질을 되살리는 시인들, 화가와 조각가들, 음악가들을 냉정하게 몰아내면서 즐거워했던 겁니다! 로맹 롤랑*은 파리 사람들의 힘을 보여주기 위해서는 그들을 '집으로' 돌려보내야 한다고 어느 책에 썼습니다. 그러나 파리의 대중은 영웅을 찬미하는 깃발을 휘날리며 그림을 실컷 즐기러 공식적인 두 전시회에 갔습니다. 매년 출품되는 수많은 그림은 파리 사람들이 진부한 뮤즈를 찾아 파닥파닥 날아다니도록 부질없이 부추길 뿐이었지요. 거대한 전쟁터인 가을 살롱전으로, 앵데팡당 전Indépendants으로, 대중은 깡충깡충 뛰어가 허영심을 실컷 부풀렸습니다. 대중은 그곳에 가는 것을 서커스에 가는 것쯤으로 여겼습니다. 대중은 마음껏 웃었습니다. … 자기 후손이 경탄하게 될 화가들의 불쾌한 어리석음을 확인했기 때문이지요! …
이런 직설적인 표현이 상스럽다고 여겨진다면 용서하십시오.

카르멘 실바의 궁전 문지방을 넘으면서 저는 그녀의 탁월한
안목에 감탄해 마지않았습니다. 그녀의 방과 음악실 벽에
엘 그레코의 그림 여덟 점이 걸려 있었으니 말입니다.

거기서 본 그림을 묘사해 가며 부인을 피곤하게 하지는
않으렵니다. 제가 말하고 있는 주제에서 벗어나지 않기 위해
그림의 구성에 대해서만 이야기하겠습니다. 그곳에서 본
그림은 세잔의 그림처럼 색채가 자연스럽게 부각되고, 구성은
생동감 있고, 데생은 기묘합니다. 묘사된 형태는 보는 사람을
어리둥절하게 합니다. 고대 그리스의 피를 통해 드러나는
스페인의 우월한 귀족주의, 열정적인 육체에서 보이는
가톨릭 신비주의의 장엄한 관능. 그런데 그림의 시간적
배경은 펠리페 2세* 시대이고, 공간적 배경은 톨레도*와
에스코리알궁*입니다. 이 시대 없이는 그리고 이 건축 양식
없이는 엘 그레코를 이해할 수 없습니다. 그 시대는 지나갔지만
톨레도는 남았습니다. 그곳에 있는 집들은 붉은 퇴석으로
지어졌고, 검푸른 산봉우리나 회색 재가 둘린 적갈색 고원에는
옆쪽이 무너져 내린 바위가 서 있습니다. 암벽 발치에는
깊은 협곡이 어두운 굴곡을 이룹니다. 무거운 하늘이 그 메마른
풍경에 떠 있습니다. 하늘은 지나치게 뜨거운 열기 때문에

갈라져 버린 흙처럼 우툴두툴합니다. 그 딱딱한 껍질 밑에
엘 그레코에게 안식을 제공했던 하얀 예배당이 차가운 신비를
발하며 서 있습니다. 예배당 벽은 석회로 칠해져 있습니다.
하얗고, 선명하고, 태연한 벽은 광채를 발하는 그림에
필수 불가결하고 위풍당당한 배경입니다.

    우리는 카르멘 실바의 궁전 정면 계단을 올라갔습니다. 그리고
우리가 본 것이 현실임을 겨우 믿을 수 있었습니다. 주변이
매우 지저분했던 것입니다. 아무튼 우리는 그곳을 지나갔습니다.
우리가 찾던 엘 그레코의 그림이 있는 장소까지 가는 데 어수선한
홀을 얼마나 많이 가로질렀는지는 오직 신만이 알 것입니다.
우리가 보려고 한 여덟 점의 작품 중 넉 점은 불행히도 시나이아
여름 궁전에 있었습니다. 우리가 지나간 홀은 비좁고 좀이
슬어 있었으며, 자질구레한 장식품이 바닥에서 천장까지
'오메 스타일'로 셀 수 없이 많이 쌓여 있었습니다. 화려하게
빛나는 금속 예술품이었지요.

    우리는 우리 눈을 믿을 수 없었습니다. 제복을 입은 하인들이
어둠침침하고 외진 구석에서 〈성 조지〉〈예수의 탄생〉
〈성모마리아의 혼례〉를 가리켰습니다. 바로 그 그림들 때문에
오귀스트가 이 여행을 추진했지요.* 그러나 '귀빈석'을 차지한

것은 서툰 그림들이었습니다. 게다가 가구 위에는 파리에 있는
우리 아파트 수위 아주머니의 집처럼 인물 사진이 놓여
있었습니다. 부인, 저는 부인께서 제 말을 믿을 수 있도록
〈성모마리아의 혼례〉가 있는 홀에 대해 메모를 했습니다.
그 홀은 폭이 3미터, 깊이가 6미터였으며, 홀의 절반은 바닥이
계단 한 단만큼 높았습니다. 커튼이 늘어진 나무 기둥이 홀의
두 부분을 분리하고 있었지요. 커튼 뒤에 그 그림이 있었습니다.
하지만 거기에는 조명이 없었습니다. 조명이 밝혀진 곳에는
보불 전쟁 장면을 묘사한 웅장한 그림이 걸려 있었습니다.
전쟁의 포화, 대포, 시체, 그리고 프랑스 군인들이 패주하는
모습을 묘사한 그림 말입니다! 그 두 그림은 1미터쯤 거리를 두고
걸려 있었습니다. 홀을 빙 둘러 놓인 선반 위에는 다양한 모습의
나무 병정 60여 개가 놓여 있었습니다. 엘 그레코 맞은편에는
한번 흘깃 보라고 놓아둔 것 같은 아주 커다란 벽난로가 있었고,
그 앞에는 하얀 대리석으로 된 왕비의 흉상이 있었습니다.
몇 개의 탁자 위에는 연감 한 권, 가죽이나 플러시 천으로
테를 두른 사진 액자가 여럿 있었습니다. 처마*에는 돋을새김
장식이 많았고, 도자기와 역겨운 채색 유리 제품이 있었지요.
루이 15세 풍의 조개껍질 장식에서나 볼 수 있을 법한 기괴한

짐승 안면상도 빠지지 않았습니다. 바로 옆에는 발라키아 시골풍의 멋진 민속 도자기도 몇 점 있더군요. 합판으로 된 무거운 까치발이 지탱하는 천장을 한번 상상해 보십시오. 그리고 한 면이 3미터, 다른 면이 6미터이고 두 부분으로 나뉜 그 공간을 상상해 보십시오. 테이블 일곱 개와 다리가 하나 달린 조그만 원탁들, 커다란 책상 하나, 궤 세 개, 안락의자 일곱 개. 우리는 발판과 등받이까지 붉은 플러시 천에 덮인 의자에 주목했습니다. 가장자리에 둘린 술 장식에서 집주인의 우아함을 느낄 수 있었지요.

 음악실에서는 마치 옛날에 교회에서 그랬던 것처럼 예술을 후원하는 왕비가 유럽 전역에서 끌어온 젊은 음악가들의 연주회를 열었습니다. 그런데 부인, 바로 여기서 아주 고약한 일이 일어났습니다. 믿을 수가 없었어요! … 그 음악실에서 퇴색해 가던 엘 그레코의 네 번째 그림이…… 가짜였던 겁니다!

 자, 부인, 왜 제가 『연대기』도 카르멘 실바도 더는 믿지 않을까요? 게다가 그 여성은 지나치게 점잖은 독일 가문 출신이고, 내가 생각하기에는 예술적 감식안이 없는 듯합니다. 또 그녀의 남편과 그녀의 궁전은 부쿠레슈티의 열정적인 거리에 이질적인 모습을 부여합니다. 부쿠레슈티는 많은 것을 말해줍니다. 인간 육체의 우월성을 강력하게 말해줍니다.
가차 없는 관능이 사람을 짓누릅니다. 부쿠레슈티는 파리의
영향을 아주 많이 받았지만, 어떻게 보면 파리보다 더 파리 같은
곳입니다. 여자들은 뜨거운 햇빛을 받으며 자신을 표현합니다.
모두 아름답고, 세련된 치장으로 자기 자신을 꾸밀 줄 압니다.
의상만으로도 그녀들은 낯설게 보이지 않습니다. 화려하면서도
점잖은 파리식으로 치장한 그녀들은 경마장을 지나
빅토리가街에서 긴 행렬을 이룹니다. 커다란 깃털이 살랑대는
검은색이나 회색, 파란색의 큼직한 모자 혹은 컬이 진 머리칼
위에 얹힌 아주 조그만 챙 없는 모자, 고요한 얼굴에 드러난
화장한 눈과 입, 부드럽게 나부끼는 옷자락에 감싸인 고귀하고
아름다운 육체. 이 모든 것이 그녀들을 바라보도록, 그녀들에게
감탄하도록 우리를 몰아댔습니다. … 그리고 우리 두 사람은
우수 어린 파리 멋쟁이 여인들의 매력적인 모습을 떠올렸습니다.
우리는 느꼈습니다. 이 여인들을 필연적으로 숭배할 수밖에
없다는 것을, 이 여인들은 이 도시의 우상이며 위대한 여신이라는
것을. 그녀들이 지닌 아름다움만으로 그럴 가치가 충분했습니다.

　비웃지 마십시오, 부인. 저는 여전히 그 여인들에게 현혹되어
있으니까요. 게다가 이 도시 곳곳에서 백합 향기가 납니다.

집시들이 파는 백합 말입니다. 아름다운 여인들에 대한 이야기를 또 하겠습니다! 이번에는 검은 머리카락과 노르스름한 안색에, 매혹적인 언어로 말하는 집시 여인들입니다. 간소하고 밝은 색상의 옷소매에서 진홍빛 매니큐어를 칠한 손이 나와 아이보리색 백합을 만집니다. 집시 여인들은 우리가 괴로움을 당한 이 도시를 표현하는 유일한 상징입니다.

말 여러 마리가 앞발로 땅을 걷어찹니다. 매우 뚱뚱하고 가느다란 목소리로 이야기하는 마부들이 혼잡한 포도 위를 멋진 준마를 이끌고 달립니다. 마부들은 진청색 벨벳으로 된 헐렁한 토가 차림으로 대부분의 시간을 서서 보냅니다. 딱딱한 포도 위에 수많은 말발굽이 부딪히는 리드미컬한 음악 소리는 밤에도 잦아들지 않습니다.

나무가 무성하고 사방으로 뻗어 있는 이 도시에 대해, 동시에 '멋쟁이 청년들'의 거리가 주는 폐쇄적인 인상에 대해 부인에게 뭐라고 말해야 할까요? 건물은 3층을 넘지 않고, 해가 지면 빠르게 인적이 뜸해집니다. 건축물은 이곳 생활처럼 튀지 않고 평범합니다. 대부분 보자르 양식* 건물입니다. 파리에서 학위를 따온 건축가들이 많이 활동하기 때문이지요. 대부분의 건물이 엇비슷하지만, 그렇다고 추하게 보이지는 않습니다. 건축 양식의 일관성 때문인지 부쿠레슈티는 독일 도시 같은 불규칙한 잡다함이 없습니다. 하지만 눈길을 끌 만한 건물도, 감동을 자아내는 건물도 없습니다. 우리 눈은 전적으로 자유롭고, 우리 앞을 지나가는 여신들에게로 향합니다. 어떻게 보면 부쿠레슈티는 일주일 내내 일요일처럼 느껴지는 곳입니다. … '떠돌이 화가'의 자유로운 언어를 빌려, 색채와 점을 사용하여, 엄격한 사람들이 괴로워할 수도 있는 이 도시의 영혼에 대해 부인께 말하겠습니다. 우리는 어느 유명한 카페의 테라스 좌석에서 루마니아 화가와 문인들을 알게 되었습니다. 우리는 프랑스인이라는 이유로 매우 친절한 대접을 받았습니다. 화가들은 '루마니아 청년회' 일원이었고, 여기까지 영향력이 미치는 '분리파'의 일원이기도 했습니다. 그들이 조국의 예술에 대해 열정을 갖고 우리에게 이야기해 주었기 때문에 그들이 마음에 들었습니다. 또 우리는 그들의 자수와 생활 도자기에 대해 한마음으로 전율했습니다.

그 젊은이들은 '원형홀 la Rotonde'이 관례적인 타성과 완고함에 도전한 혁명적인 작품이라고 열변을 토했습니다. 그래서 우리 두 사람만 '원형홀'을 보러 갔습니다. 하지만 우리가 본 것은 어리석음이었습니다. 이들은 서유럽의 영향력에 질식해 가고 있었던 것입니다! 우리는 뮌헨 아카데미즘académisme munichois의 장벽을 느꼈고, 볼테르 강변*에서 온 처마 장식을 감내해야 했습니다. 그 젊은이들은 반항하기 전에 도보리차 강변에서 태어난 행복을 만끽하고 이 도시의 길을 마음껏 활보해야 했습니다. 하지만 그들이 심오한 질문에 빠져 손에 팔레트를 들고 화폭 앞에 서서 '자아'에 대해 말하고자 했을 때, 그들은 육체의 열망을, 떠들썩한 주연을, 비잔틴식 방탕함을 잊었습니다. 그들의 마음은 아름다운 집시들이 파는 백합의 강렬한 향기에 잠겨버리지 않았습니다! 그들의 화폭은 쓰레기입니다.(이 단어를 사용하도록 허락해 주십시오.) 그들은 왜 '쓰레기'에 광채를 부여하지 못했을까요? 레몬색이 더러운 초록색에 잠긴 끔찍한 색깔을 띤 그것은 마치 썩은 보라색처럼 느껴집니다. 그에 비하면 하얀 백합과 진홍색 손톱은 날카로운 외침 소리 같습니다. 폭력적이고 강압적이고 고귀한 검은색이 도취한 색채를 침범하여 휩쓸어버립니다. 그리고 그 속에 건강한 원시민족이 즐겨 사용하는 비할 데 없이 아름다운 장미가 펼쳐집니다.(장미는 진짜 육체를 상징합니다.) 그림 속 집시들은 단순한 육체에 억지 미소를 짓고 있습니다. 이곳은 날씨가 너무 덥고 도시의 유혹이 너무 강하여 머리가 터질 듯하고 밤에 잠을 이룰 수 없습니다!

터르노보 *

불가리아를 일주하다 보면 마치 정원을 산책하는 느낌이 든다. 길가에 접시꽃, 미나리아재비, 대마, 꽃상추, 개양귀비와 체꽃이 무성하게 자라 있다. 키 큰 엉겅퀴는 하얀 화단과 꽃이 핀 작은 수풀 속에 적포도주 빛깔로 점점이 박혀 있다. 길 바로 옆은 밀밭이다. 멀리에는 과일나무가 간격을 두고 늘어서 있고, 누런 물웅덩이에는 따뜻한 산들바람이 불어온다. 그러나 기차가 고원에 다다르면 모든 것이 다시 엄숙해진다.

    해가 저물 무렵, 나는 터르노보가 자리 잡은 거대한 암석 위로, 길과 집들이 박혀 있는 퇴석으로 올라갔다. 바람이 불어왔다. 그날 아침 기차를 타고 가로질렀던 고원이 퇴석과 수직으로 경계를 이루었다. 자갈이 섞인 넓은 모래층에 좁은 산봉우리가 높이 솟아 있었다. 암석 수평층에 요철 모양으로 난, 협곡에 가까운 깊은 균열이 누런 강에 통로를 내주었다. 그곳은 높고 건조해서 카밀레만 꽃을 피워 향기를 뿜었고, 바위투성이인 발치가 트이면서 평원이 바라다보였다. 거기서 해가 지고 있었다. 드넓은 지평선이 마치 피를 흘리는 듯했다. 거기 어딘가에 도나우강이 흐를 것이다. 반원형을 이루는 다른 쪽에는 양털처럼 흐릿한 발칸산맥이 황홀하게 멋진 저녁 기운을 받으며 솟아 있었다. 하늘이 분리되는 듯하더니, 경쾌한 코발트 빛깔의 장식 띠가 보였다. 구불구불한 장식 띠 너머에, 며칠 뒤 우리가 말을 타고 지나갈 터키의 관문 시프카가 보였다. 내가 서 있는 발치에는 누런 리본 같은 강줄기가 기세 좋게 8자로 도시를 휘감아 흐르고 있었다. 흘러가는 물살이 작은 모래섬을 군데군데 만들어놓았다. 강은 어느새 저쪽에서 다시 조여들면서 빠른 물살로 산을 흔들었다. 덩치 큰 황소 떼가 강물에 몸을 담그고 있었다. 황소는 몸 색깔이 잿빛이었는데, 자세히 보니 배 부분은 거의 흰색에 가까웠고, 검은 등줄기는 양 옆구리의 거무스레한 색조와 부드럽게 연결되었다. 황소의 눈은 온화하고 가젤의 눈처럼 아름다웠다. 머리에 솟은 뿔은 이집트 저부조底浮彫에서 볼 수 있는 것처럼 장엄해 보였다. 그날 정오에 우리는 검은 물소 백여 마리가 강바닥에 누워 있는 것을 보았다. 물소는 진흙이 많은 강물에 몸을 담그고 자고 있었다. 예기치 않은 장관이었다. 물소 머리는 수평으로 당겨져 있었고, 흰자위가 드러난 눈은 검은 이마 밑에서 침울한 생각을 굴리는 듯했다. 물소는 덩치가 놀랄 만큼 컸고, 몸 색깔은 상복의 베일처럼 어둡고, 상한 잉크처럼 불투명했다. 물소 떼가 콧방울에 거품을 잔뜩 머금은 채 뿔을 내밀고 전진하는 모습을 보니 겁이 날 지경이었다. 15세기에 한 화가가 이 비극적인 짐승을 '죽음의 마차'에, '허영의 마차'에, 그리고 '악덕의 마차'에 매달았다는 것을 나는 깨달았다. 우리가 충격을 느끼며 보았던 시에나 아카데미Académie de Sienne의 유명한 패널화*에서 말이다. 우리는 영감을 받은 화가의 순수한 창조물이라고 믿었었다.

목동들이 더위에 짓눌린 물소를 끌어내기 위해 물속으로, 협곡 밑바닥까지 들어왔다. 내 눈은 유럽의 가장자리인 어둠이 내리는 바위투성이의 지평선 위를 마지막으로 헤맸다. 그런 다음 집들이 마치 폭포가 쏟아지듯 연속적으로 서 있는 비탈길을 다시 내려갔다.

터르노보는 그야말로 들어본 적 없는, 교통의 주된 흐름에서 외따로 떨어진 기이한 도시였다! 오귀스트는 이 도시가 스페인의 아빌라*만한 가치가 있다고 칭찬했다. 하지만 터르노보는 중세 불가리아 차르의 거주지였다. 터르노보는 평범한 도시가 아니다. 집 수천 채가 깎아지른 듯한 바위 가장자리에 매달려

있는데, 집들은 다른 집의 어깨 위로 올라가면서 마치 하나의
탑과 같은 형태로 바위산 꼭대기까지 쌓여간다. 집 벽은 하얗고,
골조는 검은색이다. 지붕은 나무껍질 색깔이다. 멀리서 보면
집들은 건조하게 겹친 지층 같다. 일반 집보다 좀 더 큰
하얀 점 몇 개가 보였다. 교회였다. 비잔틴 양식은 아니고
바로크 양식이었다. 바이에른이나 티롤 지방의 산에 있는 뛰어난
건축물과 같은 계통이었다. 우리는 청결함이 생생한 경치를
더욱 매력적으로 부각시키는 테르노보의 길을 오랫동안 거닐었다.
그렇다고 내가 오물이 골목길에 범람하고 진흙탕이 지붕까지
튀어 수많은 화가의 영감을 자극하는 '문학적인' 도시를 싫어하는
것은 아니다. 사람들의 불결함에는 악덕이 감춰져 있으며
그런 환경에서 근근이 살아가는 가난한 사람들은 예술적 재능을
갈고 닦지 않는다고 확신한다. 그러나 피가 젊고 정신이
건강하다면 관능이 정당화될 수도 있는 법이다. 사람은 누구나
덜 일하려 하고 안락함을 추구한다. 이곳 사람들은 집을 지나칠
정도로 정성 들여 돌본다. 그들은 자기 집이 깔끔하고, 즐겁고,
편안하기를 바란다. 그들은 집을 꽃으로 장식한다. 또한 삶의
기쁨을 나타내주는 환한 색깔로 수 놓인 옷을 입는다. 식기에는
꽃무늬가 장식되어 있고 예술적 향기가 넘쳐난다. 세심하게

관리하는 마룻바닥에는 여자들이 오래된 전통에 따라 직조한 양탄자가 덮여 있다. 매년 봄이 되면 그들이 사랑하는 집은 새 옷으로 갈아입는다. 눈이 부실 정도로 새하얀 옷이다. 하얗게 칠한 집은 여름 내내 나뭇잎과 꽃 속에서 미소 지을 것이다.

    이곳 터르노보에서는 방 벽에 하얗게 석회 칠을 한다. 그 모습이 너무나 아름다워서 깊은 인상을 받았다. 작년에도 바이에른 알프스의 미텐발트에서 그곳 사람들이 가진 장식적 힘과 농부들이 사는 집의 하얀 방 벽에 열광했었다. 세르비아, 루마니아, 불가리아, 콘스탄티노플, 그리고 아토스산에서 나는 그런 인상을 다시 받았다. 터르노보 사람들은 부활절과 크리스마스 전에 방을 하얗게 칠한다. 이렇게 하여 집은 언제나 눈부신 흰색을 유지한다.

    안방에는 높이보다 폭이 더 긴 격자무늬 틀의 커다란 창문이 나 있는데, 나무와 꽃이 가득한 정원을 향하고 있다. 이 도시의 윤곽인 거친 산과 노란 급류가 기하학적인 창문 너머로 풍경화처럼 내다보인다. 방은 아주 작아서 창문이 벽 전체를 차지하다시피 하는데, 이 창문을 통해 다른 집들이 바라다보인다. 목공 장식품이 놓인 니스 칠한 받침대는 이슬람 문양이 새겨진 세련된 벽감을 연상시킨다. 매력적인 작은 방 안에서 사람들은 소파에 몸을 웅크린 채 조용히 담배를 피운다. 그 모습이 마치 무어 양식의 틀에 끼워진 페르시아 그림 같다. 정원 문은 분홍색과 초록색이다. 정원의 크기는 방 하나 크기보다 더 크지 않으며, 울타리를 포도덩굴이 온통 뒤덮고 있다. 정원에는 장미와 튤립, 독한 향기를 내뿜는 백합, 패랭이꽃과 히아신스가 피어 있다. 꽃은 바닥에 깔린 하얀 포석을 침범하지 않는다. 벽이 하얀색이라고 아까 말했지만 때로는 아주 깊은 바다색 같은 파란 벽도 있었다[1].

저녁 무렵 우리는 현관을 연한 파란색으로 칠한 작은 교회에 들어갔다. 인도인이나 중국인이 조각한 듯한 금빛 벽감마다 성상벽聖像壁이 하나씩 설치되어 있고, 그 위에 스물아홉 개의 성상聖像이 금빛 하늘을 배경으로 성인聖人의 후광을 발하고 있었다. 아름다운 성상은 비잔틴보다는 이탈리아풍에 가까웠다. 치마부에*에서 두초*로 연결되는 과도기적 화풍 같았다. 은총이 가득한 그 시각, 고요한 성소 안의 조화로운 광경 앞에서 우리는 무척 감동을 느꼈다. 특히 나는 루브르박물관의 이탈리아관에서 여러 번 느꼈던 것과 똑같은 도취를 느꼈다. 그 전시관에서 성모마리아는 경배의 대상이었고, 황홀경에 빠진 성 프란체스코가 숲속의 새와 작은 동물들에게 설교한 후

몸에 성흔을 받고 있었다.

    다음날 우리는 기분 좋은 일을 했다. 시프카 발치에 있는 어느 마을에서 불같이 타오르는 하늘을 배경으로 금빛 후광이 반짝이는 오래된 성상 몇 점을 사서 가난한 어느 성직자에게 선물했다. 초록색과 파란색이 섞인 발칸산맥은 우리에게는 조금 실망스러웠다. 발칸산맥에는 푸른 숲이 우거져 있었다. 핏빛처럼 붉고 강렬한 땅과 강도의 습격 같은 극적인 광경을 기대했는데 말이다. 그러나 맙소사! 강도 같은 것은 전혀 없었다! 밤에 우리는 말에게 굴레를 씌우고 불편한 비탈길을 급히 달려 내려갔다. 그리고 하나뿐인 여인숙으로 밀려들어 갔다. 몰골이 퍽 지저분한 남자들이 여인숙 의자 위에서 벌써 잠을 자고 있었다. 외국인이 그런 외진 곳까지 찾아오는 일은 거의 없었으므로, 여인숙 주인은 우리를 보고 매우 당황했다. 하지만 그런 분위기는 오래 지속되지 않았다. 여인숙 주인은 절차도 무시하고 우리를 침대 두 개만 달랑 놓인 어느 방으로 밀어 넣었다. 매트리스에는 구멍이 나 있었고, 침구는 불결했다. 시트 위에는 굶주린 빈대 수십 마리가 우글거렸다. 그리고 2시간 후, 빈대들이 내 몸 곳곳에서 피를 빨아먹었다. 멀리서 개들이 짖어댔다. 나는 창문을 뛰어넘어 산으로 도망쳤다. 그리고 어느 나무 밑에서 깊이

잠이 들었다. … 그곳은 발칸산맥 한복판이었다! 어머니가
이 사실을 알았다면 뭐라고 하셨을까!

지금 나는 40여 일간의 어리석은 여정 후 며칠 동안
꼼짝 못 하고 갇혀 있어야 했던 어느 무인도에서 겪은 일화를
이야기하고 있다. 별들 밑에서, 우리가 여기까지 타고 온 배의
딱딱한 갑판 위에서 혹은 끔찍하게 뜨거운 태양이 하얗게
내리쬐는 섬의 모래밭에서 보낸 밤들을 나는 더 이상 헤아리지
않는다. 여기서 몇 킬로미터 떨어진 곳에서는 태양이 내가
아직 보지 못한 파르테논신전의 근사한 대리석을 어루만지고
있을 것이다.

1 나중에 나는 그들이 종교적 관습에 따라 종교 축일에 벽에
  하얀 석회 칠을 한다는 사실을 알았다. 이럴 때 보면 종교는 마치
  수수께끼 같다. 문과 창문에 파란색으로 테를 두르는 것은
  파리를 쫓는 역할도 한다.

터키 땅에서

카잔루크*(보름 전 이곳 '장미계곡'은 향기 나는 보물을 악마들의 손에 맡겨버렸다.)에서 스타라자고라까지 가는 길에 올랐다. 우리는 새벽 3시에 일어났다. 일행은 모두 여섯 명이었는데, 다들 졸음에 겨워하며 더럽고 포장을 씌우지 않은 작은 이륜마차 안에서 서로의 체온에 기대어 몸을 따뜻하게 유지했다. 말 세 마리는 마차를 요동치게 하면서 초라한 길을 전속력으로 달렸다. 길은 자주 급류로 변해버리곤 했다.

우리는 이따금 이동하는 터키 집시들을 추월했다. 얼룩덜룩한 셔츠를 입고 터번을 두른 키 큰 남자들과 포도주 찌꺼기 얼룩이 묻은 인디고블루색 옷에 베일을 두른 여자들이었다. 아가씨들은 세월에 떠밀려 빠르게 퇴색해 버린 나이 든 여자들보다 훨씬 아름다웠다. 여자들은 모두 근사한 짧은 치마바지를 입고 있었다. 그 옷은 단순하면서도 조형미가 있었다. 어린아이들은 거의 벌거벗은 채 재잘거렸다. 집시들은 모두 걸어가고, 당나귀들은 커다란 봇짐을 운반했다. 고원 끄트머리에 보이는 발칸산맥은 검푸른 빛깔이었다. 오늘은 해가 나지 않을 것 같았다. 터키 노인들이 작은 당나귀를 타고 좁은 길 위를 끊임없이 지나갔다. 당나귀가 너무 작아서 터번을 두른 노인들이 거대하게 보일 정도였다. 노인들의 다리는 지면 위 15센티미터 높이에서 1분에 60번 이상 떨렸다. 당나귀가 속보로 갔기 때문이다. 당나귀는 마구 내닫기를 바라는 것 같았다. 당나귀들은 용감했고, 매우 성실했다! 그리고 무엇보다도 터키 노인들에게 호감이 갔다.

우리는 처음으로 터키 묘지에 갔다. 묘지는 마을 끄트머리에 있었는데, 가는 곳마다 사람들이 우리에게 장미잼을 주고 선한 미소를 띤 얼굴로 장미수 몇 방울을 뿌려주며 우리를 배웅했다. '장미계곡'의 물로 만든 장미수였다! 대리석 분수에 물이 흘렀고, 가지 친 회양목 가장자리와 하얀 모래가 깔린 오솔길 사이의 공간은 풍만한 포도덩굴과 꽃에 덮여 있었다. 벽은 눈부시게 희었다. 이따금 파란 석회를 칠한 벽도 보였다. 묘지는 도시와 평원을 연결하는 관문이었다. 비석은 마치 선돌처럼 엉겅퀴 덤불 위에 비죽 솟아 있었다. 작은 비석이 많았다. 비석은 일관성 없이 무질서하고, 크기가 제각각이고, 이름도 문구도 문양도 없었다. 비석은 흙에 박혀 누워 있는 암석의 파편일 뿐이었다. 사람 키만 한 나무들이 광활한 고원에서 수직으로 뻗어 올라갔다. 그 나무의 꽃은 레몬색이었다. 우툴두툴하고 잿빛인 수많은 돌멩이와 메마른 푸른색의 엉겅퀴 속에서 눈에 두드러지는 색깔이었다. 한 무리의 양 떼와 외로운 황소들이 착 가라앉은 이 죽음의 도시의 무성한 풀밭에서 풀을 뜯고 있었다.

    열차 운행은 예정된 시간과 일치하지 않았다. 그러나 오귀스트는 어쨌든 아드리아노플에 곧 도착한다는 사실에 안도했다. 무려 17시간 연착이었다. 예기치 않게 폭풍우가 일고, 물난리가 나고, 역장들이 게으름을 피웠던 것이다! 게다가 부랑자들까지 출현했다! 그들은 막무가내로 열차에 기어 올라왔고, 그 바람에 열 명이 정원인 칸에 열두 명이 앉아야 했다! 부랑자들은 드캉* 그림에 등장하는 사람들 같았다. 강물 위에 이는 성난 노란 물결을 보면서, 거친 파도처럼 구르는 수많은 황금빛 분출을 보면서 고개를 젓는 선량한 농부들 말이다. 그런데 그 사람들한테서 견딜 수 없는 마늘 냄새가 났다. 사람들이 시멘산麓 장미 한 송이를 나에게 주었다. 나는 장미를 콧구멍에 넣고 여행했다. 내가 불평하자 오귀스트가 들어주었다. 오귀스트는 파이프로 담배를 피우며 추론을 거듭하고 나에게 맞장구를 쳐주었다.

드캉 그림에서 나온 듯한 풍경이 차창 밖에 펼쳐졌다. 그 사람은 정말이지 정확하게 그곳 풍경을 묘사해 냈다. 폭풍우를 예고하는 검은 하늘을 배경으로 연한 황톳빛 산이 솟아 있었다. 나무는 불투명하고 거친 그림자를 드리웠고, 구름은 지면에 비극적인 그늘을 아로새겼다. 마치 전쟁이 펼쳐지는 배경 같았다. 잿빛 황소와 검은 물소들이 어제저녁부터 맹위를 떨치는 마리차강물 속에서 평온하게 목욕을 즐겼다. 물소들은 누런 강물에 목까지 담근 채 머리를 들고 침울하게 되새김질을 했다.

눈부시게 밝은 오후의 빛 속에 아드리아노플이 천천히 모습을 드러냈다. 아드리아노플은 장엄한 둥근 하늘 속에 들어 올린 광대한 고원이었다. 멀리 보이는 모스크의 멋진 첨탑은 습지의 쇠뜨기처럼 섬세했다. 첨탑은 열광하듯 하늘 높이, 힘차게 뻗어 있었다. 거대하고 웅장한 세 채의 모스크가 머리에서 발끝까지 웅장하게 어우러져 첨탑에 아름다움을 더해주었다. 그 가운데서도 '술탄셀림모스크la Mosque Sultan Selim'는 화려한 왕관처럼 이 도시를 장식했다. 터키의 옛 수도 아드리아노플은 매우 고귀한 모습을 간직하고 있었다. 단순한 동양적 풍습을 지키며 그곳에서 살아가는 선량한 터키 사람들이 우리 눈에는 성인처럼 보였다. 우리는 귀한 대접을 받았다. 무슨 뜻이냐 하면, 그곳 사람들이 우리를 정중하고 후하게 맞아들이고 호의 어린 눈길로 바라보았다는 말이다. 터키식 카페에 들어가니, 소파에 웅크리고 앉아 있던 주인이(이곳에서는 '카베지cavédji'라고 한다.) 자리에서 일어나 집게를 들고 화덕으로 가서 숯을 가져다 담배에 불을 붙여주었다. 우리는 포도덩굴이 우거진 길가 자리에 앉았다. 그러자 호기심 많은 터키인들이 관심을 보이며 우리 주변에 원을 그리고 둘러섰다. 과자 장수는 자기가 파는 물건을 우리에게 주고는 돈 받을 생각도 하지 않았다. 내가 실수로 물잔을 부딪쳐 깨뜨렸다. 물잔값을 물어주려고 하자 '카베지'는 화를 냈다. 활짝 열린 창문을 통해 그가 소파에 웅크리고 앉아 물담배를 피우는 모습이 보였다. '카베지'는 미소 지으며 고맙다고 말하고, 손을 흔들었다. 커피값조차 받지 않으려 했다.

길에서 벌어지는 새로운 광경을 보자 우리 눈이 휘둥그레졌다. 웬 남자 한 명이 우리 맞은편에 보이는 자기 집 앞에 돗자리를 깔고 앉아 있었다. 그 사람 앞에는 분홍색 제라늄 화분 두 개가 놓여 있었다. 남자는 성직자처럼 정수리의 머리카락을 밀었는데, 동그랗게 민 정수리 부분이 이마 바로 위까지 침범해 있었다.

터키 남자들이 여름에 하는 머리모양이었다. 그 머리모양은
이상하게 힘 있어 보였다. 친구 한 명이 커다란 물뿌리개를 들고
다가오자 돗자리에 앉은 남자는 경배 자세로 무릎을 꿇고
제라늄 화분 사이로 머리를 내밀었다. 그러자 충실한 친구가
그의 머리에 넉넉히 물을 뿌려주었다. 커다란 물뿌리개에서
물이 끊임없이 흘러내렸다. 인내심 많은 그 남자는 기쁨의 외침을
토해냈고, 이따금 손가락을 들어 물 뿌리기 좋은 부분을
가리켰다. 남자가 잠시 일어나더니, 다시 쭈그리고 앉았다.
그리고 두 손을 무릎에 얹고는 어둠이 내리고 공기가 서늘해지는
가운데 제라늄 화분 뒤에서 가만히 기다렸다. 우리가 홀짝거리며
커피를 마신(커피값은 겨우 1수였다. 마음씨 좋은 사람들 같으니!)
그 길은 술탄셀림모스크로 올라가는 길목이었고, 포도덩굴이
사람들에게 시원한 그늘과 기쁨을 선사했다. 여기저기 상아처럼
흰 대리석 분수가 있고, 연한 파란색 하늘에는 모스크의 뾰족한
첨탑이 하얗게 반짝였다. 그 아름다운 모습을 한번 상상해 보라.
작은 당나귀들이 엄청나게 많은 짐을 차곡차곡 실은 채 그 길을
오르내렸다. 그 조그만 짐승들은 언제나 온 마음을 다해 진지하게
일한다. 선량하고 게으르고 나이 많은 익살꾼들이 당나귀 등에
짐을 지우는 모습을 보니 우스꽝스러웠다. 당나귀는 신선한

건초 꾸러미를 등에 비스듬히 짊어진 채 향기로운 초원
한구석으로 끌려간다. 짐이 너무 무거워 땅에 쏟아져 내릴 듯하다.
당나귀 등에는 그 외에도 토마토, 양파, 마늘이 가득 든 커다란
바구니가 달려 있다. 당나귀, 터키 남자들, 건초나 토마토가
길을 완전히 차지해 버리는 일이 잦다. 이런 이유 때문에 세탁물
다려주는 상인이 구시장 입구에 있는 건물 베란다에 마치
옷장 같은 점포를 갖고 있는 것이다. 길가에 점포가 있으면
이런 혼잡 속에 떠밀리지 않을까 하는 두려움 때문에. 게다가
그 점포에는 유리문이 달려 있다. 그러니까 그 점포는 평범하지
않은 주인 남자가 당나귀들과 추위를 피하기에 안성맞춤이었다!
카잔루크에서 만난 한 상인은 가죽을 손질하는 데는 커다란
개집만큼 좋은 점포가 없다고 주장했다. 그의 점포에도 유리문이
달려 있었다. 그 선량한 남자는 곱사등이에 대머리였고, 커다란
안경을 쓰고 있었다. 그의 누추한 점포는 광장 한가운데 있었고,
주변에서는 줄줄이 엮은 마늘, 양파, 파를 팔았다.

    우리는 꾸밈없는 어느 포도원 식당에서 식사를 했다.
그 식당에 오는 손님들은 모두 터키인이었다. 길고 검은 옷을
입은 사람들은 조용했으며, 흰색이나 초록색 터번을 쓰고 엄격한
표정을 짓고 있었다. 손님들은 대리석 물병과 비누를 사용해

손과 입을 씻었다. 그러면 화덕을 돌보던 주인이 손님들에게
냅킨을 가져다주었다. 그들은 여러 냄비를 한 바퀴 돌아보고
음식을 고른 다음 진지한 표정으로 자리에 가서 앉았다. 사람들은
이야기를 거의 하지 않았다. 4인용 탁자 다섯 개가 빽빽이 놓인
좁은 식당에서는 그런 침묵이 전혀 무겁게 느껴지지 않았다.
매우 고상한 사람들의 모임에 동석한 느낌이었다. 네모난 식당
한쪽 벽면에 커다란 창문이 길을 향해 나 있었다. 화덕은 나란히
자리 잡았고, 활짝 열린 창문 덕분에 이 식당을 유명하게 해주는
음식 냄새가 바깥으로 잘 빠져나갔다. 화덕 옆에는 두꺼운 대리석
타일이 깔린 식기대가 있었는데, 그 위에 토마토, 오이, 강낭콩,
터키 사람들이 무척 좋아하는 박과科 식물인 멜론과 수박 등
식료품이 가득 놓여 있었다. 밀가루 반죽을 넣고 레몬을 곁들인
아주 진한 수프가 우리 탁자로 날라져 왔다. 그다음에는
야채로 속을 채운 작은 수박 조각과 기름에 볶은 쌀이 나왔다.
터키 사람들은 고기를 전혀 먹지 않는다. 다시 말해 그들은
채식 위주의 식생활을 하므로 나이프가 필요 없다. 따라서
식탁용 나이프라는 개념이 알려지지 않았다. 매우 풍성한
메뉴에 체리주스, 배주스, 사과주스, 포도주스 등 과일주스
몇 잔이 추가된다. 주스를 스푼으로 떠 마신다. 술은 마호메트가

금지했다. 구체제 귀족 계급은 식사할 때 손가락과 빵조각만 사용한다. 그들은 그런 습관을 통해 자기가 다른 사람들과 확연히 구별된다고 느낀다. 터키모자를 쓰고 양모 허리띠를 졸라맨 개구쟁이 한 명이 보였다. 아이는 윗옷에서 하얀 종이 장식이 달린 긴 막대기를 꺼내 흔들며 식당 안을 돌아다녔다. 그 아이가 만들어낸 떠들썩한 소동과 막대기가 유발한 혼란스러운 분위기 속에서 파리가 떼를 지어 도망쳤다. … 그러나 얼마 지나지 않아 파리들은 다시 앵앵거리는 소리를 내며 둥글게 원을 그리며 날아다녔다.

비잔티움* 땅에 발을 내려놓기 전, 나는 마르마라 해안 언덕에 자리 잡은 우아한 작은 항구 로도스토*에서 매우 터키다운 터키, 그러나 새로운 터키의 모습을 만끽했다.

우리는 우연히 만난 상인들 집에 저녁 초대를 받아, 정원에서 함께 저녁 시간을 보냈다. 남자들은 우리를 열렬히 환영해 주었다. 키 큰 나무 아래 가져다놓은 가스램프는 포츠담 광장 브란덴부르크 개선문에 있는 가로등만큼이나 거대했다. "초 800개를 켠 것과 맞먹는 밝기랍니다!" 집주인이 말했다. 사람들이 가스램프에 불을 켜 탁자 위 1미터 높이에, 우리 코앞에 설치했다. 그리고 우리는 진보에 대해, 새로운 정치체제에 대해,

문명에 대해 이야기를 나누었다.

저녁 식사는 음악과 함께 끝이 났고, 사람들은 여전히 친절하게 굴며 만돌린과 기타를 가지러 올라갔다. 하인이 악보를 탁자에 놓았다. 사람들이 나에게 엄숙한 음악을 좋아하는지 아니면 가벼운 음악을 좋아하는지, 혹은 왈츠나 마드리갈 같은 춤곡을 좋아하는지 물었다. 내가 우물거리며 음악이라면 다 좋아한다고 말하자 조금 실망스러워했다. 악기를 조율하고 셀 수 없이 많은 악보를 뒤적거리며 한 시간 이상을 보낸 후, 그들은 병사들의 귀영歸營을 그린 소곡을 2분 동안 연주해 주었다! 트럼펫 소리가 나오고, 뒤이어 북소리가 들려오다가 차츰 멀리 사라져가는 음악이었다. 잠시 후 그들은 '클럽'에 가면 어떻겠냐고 제안했다.(그들은 '클뢰브'라고 발음했다.) 클럽에는 바다가 굽어 보이는 아주 아름다운 테라스가 있었다. 달이 축축한 평원을 파란빛으로 감쌌다. … 창문이 열린 클럽 안은 조명이 폭발할 듯했다. 갑자기 귀청을 찢을 듯한 팡파르 소리가 들렸다. 우리는 밖으로 나가보았다. 입헌정부 수립* 이후 새로이 설립된 상인 조합에서 연주하는 팡파르였다. 젊은이들과 나이 든 사람들이 한데 어울려 목관악기와 금관악기를 흥에 겨워 연주하는 모습이 매우 감동적이었다! 그들이 만들어내는 화음이 믿음의 날개에 실려 은혜롭게 하늘로 날아올랐다. … 벽에 걸린 커다란 유화 속에는 관례에 따라 반쯤 벗고 앉아서 구슬프게 리라를 뜯는 실제 사람 크기의 오르페우스 모습이 보였다. 오르페우스 앞쪽 숲속에는 염소 두 마리, 사자 한 마리가 있고, 사자 발치에는 수탉 한 마리와 까치 한 마리가 있었다. 암탉도 한 마리 있었다. 퓌비 드샤반*풍의 그림이었다. 클럽 정원에는 고대풍의 매우 아름다운 저부조 작품이 있었는데, 미술관에 가져다 놓고 전시해도 좋을 것 같았다. 기원후 3세기의 화려한 석관처럼 생긴 궤짝 안에는 레모네이드 병이 시원한 물에 잠겨 있었다. …

    여관으로 돌아오니 세탁하지 않은 하얀 시트에 시커먼 빈대들이 우글거렸다.

콘스탄티노플

페라*, 스탐불, 스쿠타리*. 이 세 지구는 삼위일체다. 나는
삼위일체라는 단어를 좋아한다. 성스러운 느낌이 들기 때문이다.

나는 보날 신부와 함께 아이날리 마을의 발코니에서
유향수乳香樹 수액을 천천히 마셨다. 보날 신부는 늦은 저녁을
들기 전이었고, 나는 스탐불에서 저녁식사를 하고 다시 다리를
건너온 참이었다. 우리가 앉은 발코니에서는 사이프러스가
서 있는 저 너머의 들판과 골든혼*이 바라다보였다. 발코니 바로
아래쪽으로 스탐불이 내려다보였다. 하늘이 드리우는 널찍한
그림자가 주요 모스크의 윤곽을 흐리게 했다. 하늘에 달이 뜨면
(그런 경우가 두 번 있었다.) 모스크의 컴컴한 지붕들이 서로 이어져
첨탑들을 연결해 주는 느낌이 들었다.

어둠이 내렸다. 감각이 조금씩 빠져나가는 것 같았다. 나는
꿈을 꾸고 있는가, 아니면 또 다른 내가 보는 환상에 사로잡힌
것인가? 또 다른 내가 쉰 목소리로 r음을 불명확하게 발음한다.

멋진 잿빛 눈썹 아래 자리 잡은 압생트 빛깔의 커다란 눈이
눈물에 잠겨 빛난다. 눈앞은 온통 황금처럼 빛난다. 비잔티움궁의
대리석과 술탄의 보물이 모두 금색이다! 둔중한 황금 비너스상과
케레스*상이 바다를 향해 내려가는 유스티니아누스Justinien
궁 계단 꼭대기에 서 있다. 벼랑 끝 모래사장의 하렘에는 금을
덮어씌운 청동 대포와 왕관, 관능을 자극하는 멋진 오달리스크*가
벗은 발목과 통통한 팔목에 차던 커다란 금발찌, 금팔찌가 있다.
금으로 치장하고 손톱을 진홍빛으로 물들인 그녀들은 언덕
높은 곳에 있는 화려한 새장에 갇혀 기다림으로 질식해
갔을 것이다. 언덕은 바다를 향해 쑥 내밀고 있으며, 바다에는
끊임없이 파도가 친다. 술탄의 기분을 상하게 하는 일이라도
일어나면 그녀들을 산 채로 자루에 담아 바다에 '첨벙' 빠뜨렸고,
물고기들이 몰려와 살을 뜯어먹었다. 보날 신부는 그녀들이
남긴 장신구가 모두 그 증거물이라고 주장했다. 조화롭고
균형미 있는 대리석이 바닷물에 그림자를 드리우고 기슭을
따라 오르내렸다. 대리석은 늘 내리쬐는 태양 때문에 황금빛을
띠고 있었다. 곳곳에 심어진 수많은 백합이 그 사실을 증명했다.
백합은 독한 향기를 내뿜으며 반암, 공작석, 비취와 자개를
박아 넣은 반짝이는 포석을 짓눌렀다. 라벤나산 장신구로 치장한

이름 모를 어느 오달리스크(편의상 '테오도라'라고 해두자.)가
커다란 눈 가장자리에 검은 라인을 그린 창백한 얼굴로 의자에
앉아 붉은 해가 지고 파르스름한 달이 떠오르기를 기다린다.
테오도라가 물결이 찰랑거리는 계단 가장자리로 몸을 숙이면,
몸에 걸친 장신구들이 한꺼번에 화려한 광채를 발하고,
파도가 그녀의 얼굴에 빛을 반사한다. 등나무 위에서 태양이
미소 짓고, 파도에 실려 온 바다 내음이 주변을 떠돈다. 하늘은
성상처럼 붉은빛을 발하고, 한낮의 광기는 모든 것을 성화하는
듯하다. 우아한 강물을 따라 '유럽 담수'가 해안을 어루만진다.
그렇다, 나는 꿈을 꾸는 것이 아니었다. 유럽에서 온 물을
잡아두고 있는 언덕은 거대한 뿔처럼 풍부하고 둥근 윤곽을
지녔다. 유럽 담수는 그 언덕에 머물다가 아시아를 마주한
바닷속으로 흘러들 것이다. 바다는 성소의 그림자 속에서,
성소를 뒤덮는 황금빛 광채 아래에서 부처 같은 미소를 짓는다. …

그러나 나는 지나치게 화려한 광채에 신물이 났다. 고집 센
나는 지금 우리가 본 이것이 다는 아닐 거라고 보날 신부에게
장담했다. 사실 나는 골든혼에서 스탐불 쪽을 바라보기를, 그리고
스탐불이 흰색이기를, 백악처럼 선명한 흰색이기를 바랐다.
빛이 환하게 부서지고, 유백색 정육면체 모양의 건물 위에

돔 지붕이 부풀듯 얹혀 있기를, 모스크의 첨탑이 하늘 높이 솟아오르기를, 그리고 하늘이 짙푸르기를 원했다. 하지만 내가 본 스탐불은 온통 왜곡되고 저주스러운 노란색, 황금색뿐이었다. 나는 하얀 햇빛 아래 서 있는 하얀 도시, 초록색 사이프러스들이 방점을 찍는 도시, 파란 하늘에 화답하는 푸른 바다를 상상했는데 말이다.

    아무튼 우리는 이런 광경이 전개되는 것을 보기 위해 관례에 따라 바다를 통해 여기에 왔다. 바닷길은 우회하는 길이었지만, 우리는 로도스토에서 빈대에게 물려가며 잠을 자고, 아주 작은 배를 13시간이나 타고 험한 바다를 건너 여기까지 왔다. 예전에 러시아 순례자들이 성스러운 산[1]이 모습을 드러내길 간절히 기다린 것처럼, 우리도 간절한 마음으로 갑판 위에 서서 일곱 개의 탑이 나타나길 기다렸다. 처음엔 작은 모스크들이 모습을 드러냈고, 이윽고 큰 모스크들과 비잔티움궁의 폐허가 나타났다. 마지막으로 성소피아대성당•과 술탄의 하렘이 보였다. 우리는 제노바탑la Tour des Gênois이 서 있는 페라와 첨탑들이 빽빽한 스탐불을 양쪽에 두고 골든혼으로 들어갔다. 페라와 스탐불은 언덕 위에서 서로 마주 보고 있었다. 나는 강렬한 감동을 느꼈다. 이곳이 너무나 아름답다는 사실을 이미 알고 있었고, 그래서 이곳을 눈으로 직접 보고 경배하려고 왔기 때문이다.

바다를 잿빛으로 물들인 하늘에서는 금세라도 물이 묻어나올 것만 같았다. 골든혼은 진창이었고, 기슭은 늪지대처럼 경계가 모호했다. 오래된 벽처럼 더러운 모스크는 숲 사이사이에 층을 이룬 어두운 빛깔의 목조주택에까지 얼룩을 드리우는 인상을 주었다. 바로 뒤가 스쿠타리였지만 나는 스쿠타리조차 잊어버리고 보지 못했다.

선원과 짐꾼들이 큰 소리로 고함을 질러댔다. 그들은 미친 듯이 춤을 추는 작은 보트에서 우리가 탄 작은 배로 넘어왔다. 그러고는 우리를 마치 가축처럼 대하며 하선시켰다.

우리는 당황하여 길 한가운데에 서 있었다. 길에는 그리스인, 독일인, 프랑스인이 한데 섞여 득실거렸다. 근동 지방에서는 보기 힘든 수상쩍은 조합이었다. 길에는 합승 마차들이 지나다녔다. 그리고 비가 내렸다. 자그마치 나흘 동안 연이어 내리고 있었다. 그러는 바람에 눈에 보이는 모든 것이 잿빛을 띠었다. … 나는 마음을 무겁게 짓누르는 뭔가가 사라지기를 3주 동안이나 기다린 참이었다. 그러려면 노력을 해야 했다. 특히 이곳을 사랑해야 했다.

내가 생각하기에 위풍당당하고 방종했던 비잔티움은 되살릴 수 없다. 비잔티움의 영혼은 유적으로 남아 몇몇 돌덩이를 이미 떠나버렸다.

지난 3주 동안 나는 괴상한 옷차림을 하고 약속 장소에 나타난 듯한 주위 풍경 앞에서 적개심을 고조시켰다. 그런 상황에 화가 났다. 오귀스트도 몹시 불만스러워하는 것 같았다. 나는 그런 침울한 마음으로 스탐불과 페라, 스쿠타리에 머문다는 것이 얼마나 바보 같은 일인지 불안한 마음으로 자문했다.

결국 우리는 다마스쿠스로 향했고, 그제야 이 세 곳이 얼마나 조화로운 곳인지 깨달았다. 세 곳의 삼위일체적 특성을 날마다 마음 깊이 느꼈다. 세 곳은 서로에게 필수 불가결하다. 왜냐하면 각기 특성이 다르기 때문이다. 그러나 동시에 그것들은 서로를 보완한다. 페라, 스탐불, 스쿠타리는 삼위일체다! 그렇다, 왜냐하면 평온한 죽음이 도처에 제단을 갖고, 사람들은 차분함 속에서 똑같은 희망을 갖고 결합하기 때문이다. 다른 점이 있다면 이끼가 덮인 수천 개의 무덤이 있는 스쿠타리는 신비로운 사이프러스들 속에 몸을 숨긴 채 보스포루스 해협 너머 페라와 스탐불이 자리 잡은 유럽 땅으로부터 치우쳐 있다는 점이다. 산 위에 자리 잡은 페라는 언덕 위에 있는 스탐불을 내려다보고

탐낸다. 그들 사이에 골든혼이 무기력한 모양새로 가로놓여 있다. 두 개의 다리가 페라와 스탐불을 이어주는데, 하나는 거의 방치되었고 다른 하나는 삶의 열기로 붐볐다. 수백 척의 카이크*가 부푼 돛 사이를 은밀하고 민첩하게 지나가면서 그 둘을 다시 이어준다. 덩치 큰 증기선이 거친 숨결을 내뿜어 검고 무거운 연기를 스탐불 쪽으로 날려 보낸다. 보스포루스 해협 때문이다. 증기선은 순수한 흰색 모스크를 지저분하게 핥는다. 부교로 연결된 다리는 낮에 모여든 소형 선단이 한꺼번에 빠져나가도록 밤이 되면 열린다. 그러면 오디세우스의 배처럼 커다란 범선이 외침 소리와 욕설 속에서 차례로 돛을 접고 부교 사이를 미끄러진다. 낮이면 모여든 배의 돛대가 숲을 이루어 찰랑거리는 물결에 흔들렸다. 바람이 그치면 정오의 강한 햇빛 때문에 돛이 모스크의 첨탑처럼 반짝이기도 했다.

    근동 지역인 페라에서 사람들은 종탑 근처에 모여 살았다. 그 사람들은 마치 뉴요커처럼 분주하다. 노쇠한 지역에 살면서 낮잠 시간에 한가로이 조는 터키 사람들과는 대조적이다. 지붕이 큼직한 보랏빛 목조주택이 울타리 사이에 자라난 신선한 초록 식물 속에서 두드러져 보였다. 그 신비로움에 황홀해졌다. 준엄한 분위기로 페라를 지배하는 아주 높고 하얀 모스크

꼭대기 주변에서 집들은 조화롭게 무리를 이루었다. 하얀 벽에 창문이 뚫린 돌집이 앞서거니 뒤서거니 언덕에 줄지어 있는 모습이 마치 도미노 같다. 다음으로는 말라붙은 피처럼 붉은 인접한 벽면이 보인다. 아무것도 그 강렬하고 단단한 빛깔을 누그러뜨리지 못할 것 같다. 거기에는 나무 한 그루 없다. 나무를 심을 만한 자리도 없다. 미친 듯이 언덕을 올라가는 도로는 사람들을 숨 가쁘게 하고 갈증 나게 한다. 집들은 좁은 여러 개의 도로 꼭대기에서 다시 만난다. 거기서는 조화로움과 일체감, 열에 들뜬 경쟁심 같은 것이 느껴진다. 그런 분위기가 아름다움을 자아낸다. 지독하고, 따분하고, 무정하고, 냉혹한 페라. 그러나 페라는 아름답고 커다란 둥근 탑이 장엄함을 자랑한다. 탑은 마치 전쟁의 탑과 같고, 용병대장처럼 거만하고, 호전적인 정찰병 같다.

페라에서 교회 종탑은 보이지 않는다. 종이 소리 내어 울리는 일도 전혀 없다. 누구를 위해 그런 신앙을 바치겠는가? 이들은 쾌락의 신봉자들이다. 이곳 여자들은 자신을 아름답게 꾸미려고 애쓰고, 그래서 멋지다. 아! 그러나 부쿠레슈티 여인들만큼 멋지지는 못하다!

골든혼 위 강변로는 가보지 못했다. '새로운 다리'로 가는 도로는 허술했다. 길이 깔때기처럼 오목해져서 교통정체가

생겼다. 사람들이 참다못해 고함을 치고 서로 떠밀었다! 그들은
서로 밀쳐대고, 무리를 지어 다리 위로 난폭하게 밀려갔다.
하얀 윗옷을 입고 험악한 표정을 한 통행료 징수원들이 상황을
정리하느라 어려움을 겪었다. 통행료 징수원은 두 손을 내밀어
통행료를 받아 배낭에 채워 넣었다. 그들은 고함을 지르고
얼굴을 찌푸렸다. 거친 직업 때문에 마음이 팍팍해지고,
금속으로 된 동전 때문에 손에는 기름때가 묻고, 머리는 엉망으로
헝클어져 있었다.

갈라타 지역은 비좁은 해안에 자리 잡고 있었다. 집들에서는
역한 석회 냄새가 나고, 바닷물에 잠긴 때문인지 더 빽빽하게
몰려 있다. 하역 인부와 뱃사람들이 거기서 유향수 수액을
마시고, 잡아 온 고기를 팔고, 마늘이 들어간 요리를 먹었다.
은행은 거기에 호텔을 세우고, 해운회사 지점을 세웠다.
세관도 들어와 있다.

스탐불에서 떠밀리고 나서 한 15분 동안은 불쾌한 느낌이
여전히 몸에 남아 있는 기분이 들었다. 도로는 터키적 삶을
부인하면서 욕심 많은 상인들에게 스스로를 팔고 있었다. 알라의
사원들 또한 간접적인 피해를 받는 듯했다. 사람들은 길을 따라
언덕으로 올라가 사라져 버렸다. 길을 따라 걷다 보면 묘지와

'묘석²'이 길 아주 가까이에 불쑥 모습을 드러낸다. 때때로 사이프러스 한 그루가 지키는, 사원처럼 아름답고 고요한 분수가 나타나기도 한다. 사람들은 눈에 띄는 골목길로, 이곳저곳으로, 코나크³나 높고 폐쇄된 벽을 통해 옆집에 연결되는 소박한 집들로 흩어졌다. 길은 구부러지고, 어느새 연어 살처럼 분홍빛을 띤 높은 담벼락 말고는 아무것도 보이지 않는다. 우리는 두께가 50센티미터 정도 되는 담벼락 저쪽에 사는 사람들이 느낄 행복감에 몹시 깊은 인상을 받았고, 우리 역시 행복감을 느꼈다. 조심스럽게 닫힌 정원 안에서 살아가는 꿈같은 삶. 그렇다, 사실이다. 그러나 감옥 같은 삶을 살았던 오달리스크들을 생각하자. 이런 생각은 조금 고통스럽고 우수 어린 감상에 젖게 했다. … 스탐불에서는 언덕 꼭대기마다 '주요 모스크'가 육중한 외양을 자랑하며 하얗게 반짝이고, 모스크 뜰에는 아름다운 무덤들이 있는 경쾌한 묘지가 있다. '한스⁴'가 사원을 호위대처럼 둘러싸고, 쓸쓸한 사원 광장에 고립된 사이프러스는 쾌활한 첨탑과 똑같은 몸짓으로 사원의 엄격한 분위기에 어우러진다. 사이프러스 줄기의 주름은 그 나무가 얼마나 오래되었는지 말해준다. 나는 터키의 영혼 속에 존재하는 어떤 것에 대해 말하고 싶지만 성공하지 못할 것 같다! 아무튼 거기에는 한없는 평온함이 있다. 우리는 그것을 체념 혹은 운명론이라고 부르며 그 가치를 훼손한다. 그러니 이제는 '믿음'이라고 부르자. 나는 이 믿음을 분홍색과 파란색으로 묘사하고 싶다. 특히 파란색. 왜냐하면 바다가 파란색이고 하늘이 파란색이기 때문이다. 하나가 어디서 끝나고 다른 하나가 어디서 시작하는지는 알 수 없다. 그것은 그저 무한하고 기분 좋은 믿음이다. 그런데 나는 안타깝게도 괴로움을 주는 믿음만 알았었다. 그러니 내가 그곳 사람들에게 느끼는 호감을 충분히 이해할 수 있으리라!(내가 '그곳'이라고 말한 이유는 곧 떠나야 하기 때문이다. 적당히 싫증도 났고 뱃머리가 브린디시를 향하고 있다!) 하지만 그들의 날카로운 눈빛과 독수리 부리 같은 코는 어떻게 보아야 할까? 그것은 갑자기 몰아치는 폭풍 같은 분노의 징후이다. 그 분노가 터져 나오는 광경은, 그들이 억제할 수 없는 맹렬한 분노를 터뜨리는 광경은 엄청날 것이다! 그들의 부드러운 분홍빛 영혼 깊숙한 곳에는 무시무시하고 고뇌에 찬 히드라* 한 마리가 숨어 있다. 지나친 차분함은 침울한 마음을 통해 고통으로 이어지는 법이다. 나는 이 말을 꼭 하고 싶었다. 나는 그들에게서 불타오르는 숙명적인 불꽃을 말없이 바라보았다. 스탐불도 마성魔性으로 불타고 있었다.

나는 알라 앞에서, 비통한 신비주의 속에서 그들이 올리는
희망의 기도 소리를 들었다! 그리고 그들로부터 나온 모든 것에,
고요한 침묵과 가면처럼 딱딱한 얼굴에 경배했다. 미지의
대상에 대한 간절한 탄원과 아름다운 기도 속에 깃든 고통스러운
교의가 경탄스럽다. 스탐불의 달빛 비치는 밤과 칠흑처럼 어두운
밤을 통해 내 귀는 도취된 영혼들이 내뱉는 외침으로 가득 찼다.
'무에진'이 첨탑 위에서 큰 소리로 외치고 노래할 때 물결치던
멜로페는 또 어떤가! 모스크의 거대한 돔 지붕이 폐쇄된 문의
신비 위에서 닫히고 첨탑이 위풍당당하게 솟아오른다.
석회 칠을 한 널찍한 담장 위에서는 검푸른 사이프러스가
리드미컬하게 머리를 흔든다. 사이프러스는 수 세기 전부터
그렇게 했다. 담장 안에서는 항상 바다 한구석이 내다보인다.
독수리들이 모스크 위에서, 거대한 원반 모양의 공간에서
완벽한 원 모양을 그리며 활공한다. 이 전율의 순간에, 아흐메드
모스크* 맞은편 히포드롬*의 돌로 만든 오벨리스크 위에 독수리
한 마리가 꼼짝 않고 앉아 있다. 그 오벨리스크는 독수리의
안식처다. 독수리는 검은 어깨 너머로 열 개의 첨탑 위 무에진이나
저 너머 아시아를 바라보는 듯했다. 멀리 떨어져 있어서 적갈색을
띠긴 하지만 푸르른 유혹과도 같은 끝없는 산봉우리들을.

각 모스크에서 사람들은 기도하고 노래 부른다. 그들은 입, 얼굴, 손과 발을 씻는다. 그리고 알라 앞에 엎드려 이마로 돗자리를 친다. 경배 의식에 박자를 맞추어 거친 한탄이 새어 나온다. 중앙홀이 내려다보이는 연단 위에서 이맘*이 바닥에 웅크려 고개를 조아리며 절을 하면, 기도를 인도하는 또 다른 이맘이 미라브*에서 응답한다. 이방인들은 가차 없이 문가에 세워둔다. 하지만 나는 벽감의 그늘진 곳에 웅크리고 앉아 여러 번 예배에 참석할 수 있었다. 완벽하게 행복한 분위기 때문인지 그들은 나를 눈여겨보지 않았다. 이슬람교도는 전 세계에 수백만 명이다. 그들은 같은 시간에 두 팔을 벌려 메카에 있는 검은 카바* 쪽을 바라본다. 그들의 이마가 똑같은 경배 의식으로 환히 빛날 때, 끝없이 펼쳐진 지평선은 피 흘리듯 붉고 둥근 태양에 물들어간다.

 달도 뜨지 않은 어두운 밤을 떠도는 비극적인 영혼, 불이 나면 소리 지르는 사람들이 스탐불의 분위기를 말해준다.

 스탐불은 인구밀도가 매우 높은 지역이다. 사람들이 사는 집은 모두 나무로 만들어졌고, 알라의 거처인 모스크는 모두 돌로 지어졌다. 넓은 언덕의 측면은 에메랄드 색조가 감도는 보랏빛 양모 양탄자 같다. 꼭대기에 있는 모스크는 화려한 모양의 고리 장식을 연상시킨다. 이곳에는 건축 양식이 두 가지뿐이다.

홈이 파인 타일을 덮은 납작한 지붕, 아니면 첨탑이 솟은
모스크의 둥근 지붕. 묘지가 이 지붕들을 서로 이어준다. 집들이
빽빽이 맞닿아 있는 스탐불에서 화재가 발생하면 매우 끔찍하다.
밤이면 화재 시 소리 지르는 일을 업으로 삼은 사람들이 거리를
성큼성큼 걸어 다닌다. 그들은 쇠붙이가 달린 기다란 막대기로
딱딱한 돌이 깔린 포석 위를 두드린다. 이 소리는 파리의 노트르담
성당만큼이나 엄숙하다. 혹은 엄숙한 의식 때 성물이나 고위
성직자가 지나가도록 길을 열어주며 내는 소리와도 비슷했다.

    스탐불에서는 거의 매일 밤 불이 난다. 바람이 거세게 불면,
음모라도 있으면, 스탐불은 불길에 그대로 집어삼켜질 것이다.
잔혹하고 장엄한 광경일 것이다. 그래서 우리 유럽 사람들은
공포에 질린 눈으로 그들의 횃불 등롱을 바라본다. 그들은
오래전부터 아무렇지도 않은 듯 불똥이 흩날리는 횃불 등롱을
가지고 거리를 돌아다닌다. 그리하여 어둠이 짙은 밤이 되면
터키 사람들은 체념으로 무장한 채 잠을 청한다. 불빛이 완전히
꺼지면 아무도 경계하지 않는다. 그리고 경험하지 못한 사람은
상상도 할 수 없는 침묵이 내려앉는다. … 아주 멀리서 들리는,
사암沙巖 길바닥을 두드리는 신경질적인 금속성이 우리 귀에까지
감지된다. 그리고 갑자기 짙은 어둠 속에서 비통한 외침이

터져 나온다. 배신의 일격에 맞아 아직도 공포에 질려 있고 죽을 지경인 남자의 외침이다. 그 외침은 수초 동안 지속된다. 고대 그리스 합창단의 변설처럼 동양적인 리듬으로 흔들리는 소리다. 이윽고 그 소리는 거친 숨결 속에 무너진다. 어둠과 침묵이 음모를 재개한다. 그리고 예기치 않게 당신 집 한구석에서 금속이 돌을 찧는 소리가 나고, 엄청난 탄식 소리가 솟아오른다. 남자의 목소리가 불이 났다는 외침을 토해낸다. 이재민들은 재빨리 옷을 입고 나무문을 박차고 나와 나무가 둘러싸인 미로 속으로 도망친다.

    잠시 후 저 멀리서 똑같은 외침이 돌림노래처럼, 분출하는 피처럼 솟아올랐다. 낮은 바닷가에서, 카심 파샤 방향에서 나는 소리였다. 그 소리는 호리호리한 사이프러스를 뒤흔들면서 코나크 하나하나로 스며들어 간다. 그 소리를 들은 사람들은 잠에서 깨어나 소스라치게 놀란다. 페라에 있는 커다랗고 둥근 제노바 탑 위에서 네 개의 횃불이 타고 있었기 때문이다. 맞은편 스탐불의 언덕 위 세라스키에 탑에도 두 개의 횃불이 매달려 있다. 그 밖에도 여기저기에 횃불이 보였다. 마르마라 해에, 골든혼에, 톱 하네에, 그리고 스쿠타리 묘지에 횃불이 타고 있었다. 불타는 횃불은 스탐불을 순식간에 잿더미로 만들 수도 있다.

    그래서 사람들은 이렇게 말한다. 이 도시는 4년마다 모습이 완전히 달라진다고! 하지만 주요 모스크는 자기를 둘러싼 한스 안에 굳건히 살아남는다. 날름거리는 불꽃 속에서 알라의 굳건한 사원은 그 어느 때보다 더 희고 신비롭게 반짝인다!

1 아토스산.
2 술탄들을 기념하는 묘소.
3 터키의 저택.
4 모스크의 대부분을 둘러싼 돌담.
5 모스크의 첨탑 꼭대기에서
    기도 시간을 소리쳐 알리는 사람.

모스크

모스크를 지으려면 우선 메카 방향을 향한 조용한 장소가
필요하다. 그곳은 마음이 편안하게 느껴지도록 넓고, 기도가
잘 올라갈 만큼 높아야 한다. 그림자가 전혀 드리워지지 않고
그 자체로서 완벽한 자연스러움을 이루도록, 풍부하게 잘 퍼지는
조명도 필요하다. 바닥은 아주 넓어야 한다. 신자를 많이
수용하기 위해서가 아니라 신자들이 와서 넓은 공간에서
경외심을 느껴야 하기 때문이다. 또한 사방이 탁 트여 모든 것이
한눈에 들어와야 한다. 모스크 안에는 언제나 새것인 황금빛
돗자리가 드넓은 사각형 공간에 깔려 있다. 의자 같은 것은 없다.
코란이 놓인 나지막한 책상 몇 개가 있을 뿐이다. 책상 앞에
사람들이 엎드려 있다. 실내를 슬쩍 바라보면 네 개의
모서리가 보인다. 벽에는 작은 창문이 뚫려 있다. 또한 네 개의
거대한 대들보가 있는데, 이것이 펜던티브*를 연결해 준다.
작은 창문을 통해 햇빛이 쏟아져 들어와, 천장이 둥근 모스크는

마치 왕관처럼 화려하게 반짝인다. 천장 윗부분의 형태는 정확하게 파악하기 힘들다. 이런 반구형 구조물은 정확한 형태를 가늠할 수 없다는 매력이 있다. 천장에는 셀 수 없이 많은 줄이 수직으로 매달려 있다. 줄은 거의 바닥까지 늘어지고, 작은 기름 램프를 매다는 고리가 달려 있다. 저녁이 되면 기름 램프가 발하는 수정 같은 불빛이 원 모양을 이루며 신자들의 머리 위에서 반짝인다. 그 줄들은 이제는 어두워진 창문들 사이에서 둥근 천장 꼭대기까지 팽팽하게 올라가면서 어둡고 드넓은 공간 안으로 사라져 간다. 입구를 마주 보는 미라브는 튀어나온 부분도, 입체감도 없이 그저 카바 쪽만 가리키고 있다.

 이 모든 것이 하얀 석회로 칠해져 웅장함을 뽐낸다. 형태는 선명하고, 건축기법은 완전무결하고 참신하다. 도자기로 근사하게 장식한 기단이 이따금 파란 전율을 일으킨다. 터키 젊은이들은 아버지 세대의 소박한 건축물을 부끄러워했다. 그리하여 로티*가 구원한 부르사의 모스크를 제외하고 터키의 모든 모스크가 불쾌하고 역겹고 상스러운 칠 장식을 당했다. 그 사원들을 여전히 사랑하기 위해서는, 아까도 말했듯이 많이 노력하고 사랑해야 한다. … 성소 앞에는 회랑으로 둘러싸이고 대리석이 깔린 뜰이 있다. '고대의 초록색'을 띤 반암 기둥 위에는 작은 돔 지붕을 인 부서진 아치가 흘러내린다.
이 회랑 밑에 문 세 개가 있다. 하나는 북쪽, 하나는 남쪽,
또 하나는 동쪽으로 나 있다. 한가운데에는 매력적인 정자 형태에
지붕이 있는, 손을 씻기 위한 '물의 사원'이 있다. 사람 키보다 큰
원통 모양의 커다란 수반 발치에 대리석 판이 붙어 있고, 거기에
수도꼭지가 스무 개에서 마흔 개쯤 달려 있다. 바깥뜰에서는
높은 돌담 옆에 선 각기둥이 프리즘처럼 빛을 분산시키고, 종유석
장식 아래로 세 개의 현관이 열린다. 각기둥은 커다란 스핑크스의
앞발처럼 스탐불의 언덕 위에서 밤에 모스크를 지켜준다.

  모스크에는 또한 앞뜰이, 사이프러스 몇 그루가 심어진
인적 없고 포석이 깔린 마당이 필요하다. 포석이 깔린 길은
모스크의 입구로, 그리고 오래된 플라타너스 밑에 있는 잡초가
뒤덮인 묘지로 이어진다. 묘지는 성소의 뜰과 짝을 이룬다.
돌벽에는 구멍이 여러 개 뚫려 있고 구멍에는 격자무늬 창살이
쳐져 있다. 집채만큼 웅장한 입구가 곧장 열려 있고, 포석이 깔린
앞뜰이 보인다. 한스들이 네모반듯한 땅을 둘러싸고 있다.
테라스 형태의 지붕 위에는 작은 돔 지붕 여러 개가 줄지어 있다.
지붕은 축을 따라 배치되고, 서로 힘을 겨루고, 성소 위에서
어우러진다. 모스크에는 예배당뿐만 아니라 이맘을 위한 학교와

대상들의 숙소도 있다. 이맘을 위한 학교는 아치형 통로가 있고 꽃과 포도덩굴이 풍성한 뜰 옆에, 대상들의 숙소는 이중 회랑이 있고 분수가 활기차게 물을 뿜어내는 현관 안쪽에 있다.

성소에는 태양을 기준으로 정한 시간에 따라 무에진이 외치고 노래하는 날카로운 소리를 멀리서도 들을 수 있도록 높은 첨탑도 필요하다. 높은 첨탑에서 인상적인 음이 떨어져 내린다. 주변에는 나무로 지은 집들이 서 있다. 벽돌로 된 육면체에 둥근 지붕을 인 하얀 성소가 바위 위에 형성된 이 도시에 우뚝 서 있다.

모스크는 직사각형, 정사각형, 구 등 기초적인 기하학적 형태로 이루어진다. 평면적으로 보면 모스크는 축 하나를 중심으로 전개되는 사각형의 집합이다. 또한 이슬람 땅의 모스크는 모두 믿음의 단일성을 상징하는 카바의 검은 돌을 향하고 있다.

저녁에, 나는 '그레이트 월[•]' 주변을 여러 번 왕래하느라 기진맥진한 몸으로 스탐불의 동요하는 황혼 속에서 술탄 셀림 모스크[1]의 돔 지붕과 첨탑을 우두커니 바라보았다. 잠시 후 나는 거기로 갔다. 낮에 북적거리던 거리가 저녁이 되자 피로에 쌓여 있었다. 내가 지나가자 터키인들이 놀란 표정으로 바라보았다. 해가 지면 스탐불은 다시 터키다운 모습으로 돌아간다. 페라 사람들은 스탐불에 대해 이렇게 말했다.
"거기에 가지 않도록 조심하는 게 좋아요. 거기에 머물지 않는 게
좋아요. 그곳 사람들은 야만인들이에요. 당신들을 죽일지도
몰라요!" 나는 넓은 채소밭 사이에 난 길을 따라갔다. 그러자
한스가 나왔다. 그다음에는 벽이, 사이프러스 몇 그루가 심어진
빈 공간이 나왔다. 울타리에 둘러싸인 무덤들이 모스크를 등지고
있었다. '튀르베[2]'도 예배당만큼이나 컸다. 흙을 쌓아 올려 만든
높은 벽 하나가 그늘 속에 잠겨 있었다. 어두워서 골든혼은
형태를 알아볼 수 없었다. 하늘 위에는 주요 모스크의 윤곽이
검은 선을 이루고 있었다. 뜰 안에 있는 물의 사원에서 졸졸거리는
물소리가 들려왔다. 지붕 밑에서 몸을 씻는 사람들의 윤곽이
어렴풋이 보였다.

몇몇 남자들이 어두운 빛깔의 긴 옷을 입은 채 몸을 씻고
있었다. 그들은 몸을 씻은 뒤 한 명씩 대리석 포석을 지나
한쪽 구석에 있는 육중한 아치문으로 들어갔다. 문에는 가죽과
붉은 벨벳으로 된 휘장이 드리워져 있었다. 아직 완전히
어두워지지 않아서 하늘은 에메랄드빛이 감도는 쪽빛을 띠고
있었다. 돔의 둥근 배가 낮 동안 흡수한 열기를 반사하는 것
같았다. 네모꼴 회랑 위에 얹힌 두 개의 위엄 있는 돔은 초록빛

하늘을 배경으로 좀 더 밝은 초록빛을 발한다.

    휘장이 다시 내려졌다. 동심원을 그리며 기도하는 사람들 위로 램프가 매달린 천장은 별이 박힌 밤하늘 같았다. 마치 수많은 반짝이가 달린 조용한 베일 같았다. 성소의 네 벽이 멀어져가는 느낌이었다. 둥근 천장에 매달린 줄 사이로 경건한 기도 소리가 높이 올라갔다. 돗자리 위 3미터 높이의 허구적 빛의 천장, 그리고 그 위에 둥글게 부푼 넓은 그늘은 내가 아는 가장 시적인 건축물이었다.

    사람들은 맨발로 중앙홀에 줄지어 늘어서 있었다. 다 함께 몇 번씩 엎드리기도 했다. 연단 위에서 이맘이 큰 소리로 말을 하면 몇 초 동안 기다렸다가 바닥에 머리를 대고 혹은 서서 미라브 쪽으로 눈길을 향한 채 경건한 자세로 두 손을 치켜들고 깊은 목소리로 '알라'를 되풀이했다. 다음으로 회중 속 한 사람이 날카로운 표정과 목소리로 전례에 따라 신앙고백을 암송하기 시작했다. 처음에는 단조로웠다가 급작스럽게 도약하더니, 비통하고 음울하고 아주 서글픈 음색으로 바뀌었다! 암송이 끝나자 사람들은 자리에서 일어나 밖으로 나갔다.

    밖으로 나가 보니, 몇몇 사람이 바깥의 어둠 속에 남아 있었다. 한 남자가 다가와 나에게 손을 내밀고는 보일 듯 말듯 미소를 지었다. 어떻게 보면 화난 표정 같기도 했다. 다른 사람들도 나에게 다가와 손을 내밀었다. 나는 그들을 떠나 다리 쪽으로 갔다. 내 숙소까지 가려면 2시간을 걸어야 했다. 하지만 나는 그 뿌듯한 침묵 속에서 더없이 행복했다.

길 가장자리에 담장이 있었는데, 터진 구멍 사이로 고요히 잠든 무덤들이 들여다보였다. '술탄 메메드 모스크la mosquée Sulatan Mehmed'였다. 술탄들은 자기의 소중한 건축물에 물의 사원을 봉헌하기를 좋아했다. 사람들이 자기를 영원히 숭배하도록 그곳에 물의 축복을 베풀었다! 술탄 메메드 모스크에는 한스가 둘린 네모난 땅과 로코코 양식의 첨탑 두 개와 커다란 돔 하나가 있었다. 그리고 뜰과 통하는 문 하나가 있었다. 각기둥 모양의 튀르베, 술탄이 자기 여자들의 관에 둘러싸여 비단 밑에 누워 있을 것이다. 그리고 다시 담장. 그리고 현창이 뚫린 대형 여객선처럼 현대적인 형태를 한 기다란 수도교가 비잔틴의 유령처럼 밤의 어둠을 더욱 짙게 한다. 수도교는 커다란 무덤들 위에 자리 잡은 기묘한 이름의 샤 자데 모스크*로 이어진다. 나는 그곳에서 아무도 만나지 않았다. 가로등 몇 개만 금빛 대리석의 고색창연함 속에서 아치형 통로의 벽을 비추고 있었다. 청동으로 된 철책에는 거미줄이 복잡하게 얽혀 있고,

그 위로 사이프러스가 솟아 있었다. 나는 철책에 얼굴을 대고 무덤들을 들여다보았다. 왼쪽으로 이따금 골든혼의 불빛이 보였다. 오른쪽은 빛나는 마르마라 해였다. 뒤쪽 언덕 위에 슐레이만모스크la mosquée Suléïmanié가 '스핑크스' 같은 거대한 모습을 드러냈다.

거의 백 채에 가까운 건축물을 지은 그 사람*의 작품. 대상들 숙소까지 합치면 그가 지은 건축물의 수는 헤아릴 수 없으리라. 그 모스크 안에는 튀르베와 학교도 있었다. 누군가가 기증했을 것이다. 낮 동안 햇빛이 넘실대고 소란스럽던 길이 어두운 아치형 통로 사이로 사라졌다.

죽은 자들이 왼쪽과 오른쪽, 그리고 사방에 잠들어 있었다. 술탄들은 간소하면서도 아름다운 채색 도자기 장식을 모스크 내부에 설치했다. 중앙시장 모퉁이에는 '비둘기 사원'이라고 불리는 바야지트 모스크la mosquée Bajazid가 있었다. 이 모스크의 첨탑은 예외적으로 멀리 떨어져 있다. 그 반대편에는 '튤립 모스크'라 불리는 누르오스마니에 모스크la mosquée Nour Osmanié가 있다. 희미한 첨탑과 생소하면서도 맵시 있는 로코코 양식의 벽이 멀리서도 보였다. 터키식 받침돌 위에 세워진 비잔틴 양식의 '불탄 기둥*'은 화재로 생긴 상처를 둥근 금속 테두리로 감싼 채

허공에 솟아 있다. 몇몇 카페가 아직 열려 있었다. 벌써 유럽풍으로 실내장식을 한 카페에는 빈에서 가져온 의자가 놓여 있었다. 나는 길이 끝나는 곳까지 가보았다. 몇 시간 전까지만 해도 활짝 열려 있던 대로는 성 소피아 대성당 문이 닫히자 막다른 길이 되어버렸다. 대신 '첨탑 없고' '팔 한쪽도 없는' 미리마 파샤*가 성 소피아 대성당의 멋진 요철 모양 성벽 위에 웅장한 모습을 드러냈다. 성 소피아 대성당은 비잔틴 양식이며 첨탑 네 개를 거느리고 있다. 고대 히포드롬과 첨탑 여섯 개가 있는 거대한 아흐메드모스크도 보였다. 길이 갑자기 구부러졌다. 다리가 멀지 않았다. 거친 윤곽의 페라도 보였다. 시간이 늦었기 때문인지 갈라타 지역의 누추한 집들은 잠들어 있었다. 나는 피곤한 몸으로 갈색 먼지가 폴폴 이는 작은 들판을 천천히 올라갔다. 그러다가 터번을 두른 대리석 묘비와 맞닥뜨렸다. 묘비들은 목이 잘려 나간 모습이었다. 카페의 불빛이 보였다. 많은 사람이 카페 안에 모여 유쾌하면서도 은은한 푸치니 음악을 즐기고 있었다.

하지만 나는 사람들을 등지고 길을 재촉했다. 집도 없이 사이프러스와 함께 먼지 속에서 시들어가는 죽은 자의 들판 위에 뻗은 그 길을. 숙소 문지방에 다다르기 전에 뒤를 돌아보면서

지금까지 본 모스크들을 다시 한번 떠올렸다. 스탐불이라는 멋진 곳에 자리한 주요 모스크들 말이다. '외팔이' 미리마 모스크에서 이단아처럼 배척받은 아흐메드모스크[3]까지. 골든혼에 안개가 끼어 있었다. 안개는 새벽이 올 때까지 계속 짙어져 페라와 스탐불을 제외한 모든 것을 덮어버렸다. 모스크는 희끄무레한 새벽하늘을 배경으로 솜털 같은 안개의 바다에 잠겨 있다. 그리고 저녁이 되면 짙푸른 하늘 속에서 웅장한 자태를 뽐낸다.

1 스탐불의 주요 모스크 가운데 하나.
2 회교 명사들의 거대한 무덤.
3 아흐메드 1세는 이 모스크에 첨탑 여섯 개를 세워 민중의 종교적 노여움을 샀다. 왜냐하면 메카의 이슬람교 신전 카바만 여섯 개의 첨탑을 거느릴 수 있었기 때문이다. 그는 자기 돈으로 카바에 일곱째 첨탑을 세움으로써 어려움에서 벗어났다.

묘지들

나는 아테네의 한 소란스러운 카페에서 이 글을 쓰고 있다.
불쌍한 한 소년이 테라스 앞에 전축을 가져다 놓고 음반이
다 돌아가기를 기다린다. 그러나 소년은 손님들에게서 돈을
별로 거두지 못할 것이다. 이곳에는 '손으로 켜고 입으로 부는'
음악이 귓가를 떠나지 않고 맴돌기 때문이다! 메꽃 꽃부리처럼
생긴 정자에서 동방풍의 노래가, 고대 그리스극에 나오는
멜로페가 흘러나온다. 그 노래는 '나는 살아있다'라는
높은 외침으로 시작해서 고음이 오랫동안 지속되다가 다시
낮은 음조로 변해 길게 끌며 끝이 났다.

그 노래 때문에 불현듯 얼마 전에 있었던 일이 떠올랐다.
갑판 위에서 잠을 자는데, 서투른 테오르보 반주에 맞춰
누군가가 부르는 야상곡이 끊임없이 들려왔다. 피라미드 모양의
아토스산이 은색 달빛 아래서 성모마리아의 색깔인 파란빛 속에
파묻혀 있었다[1]. 멀리서 들려오는 전축 소리를 듣고 있자니

이미 지나간 추억이 된, 기도 시간인 정오나 밤의 스탐불로
되돌아가는 것 같았다. 어느 행복한 날, 내가 다시 이 나른한
음악을 듣는다면 나는 달랠 길 없는 향수병에 걸릴 것이다.
이따금 혼란스럽기도 했지만 셀 수 없이 많은 무덤이
사이프러스와 함께 뒤죽박죽 자리 잡은 그 도시에서 나는
잘 지냈다. 그곳에는 비석이 숲을 이루며 솟아 있었다. 오래된
비석은 이끼에 덮여 있었다. 스탐불이나 스쿠타리나 모두
똑같았다. 아드리아노플, 발칸산맥, 소아시아, 그 밖에
다른 곳들도 마찬가지였다. 특히 스탐불은 말 그대로 무덤으로
가득했다. 사람들이 무덤을 좋아해서 무덤이 주거지까지
침범해 있다. 터키에서 보낸 어느 일요일[2], 나는 빠끔히 열린
문틈으로 한 남자가 자기 정원 안에 있는 무덤의 하얀 기둥에
등을 기대고 앉아 있는 것을 보았다. 남자는 아무 생각 없이
몽상에 잠겨 있었다. 하지만 나는 그 모습에 충격을 받았다.
로도스토의 많은 저택 안뜰 포석 위에서 등불이 죽은 자들의
무덤을 지키는 모습을 이미 보았는데도 말이다. 콘스탄티노플은
황폐한 땅이다. 사람들은 그곳에 집을 짓고 나무를 심었다.
거기에는 또한 죽은 자들의 무덤이 많이 있다. 무덤은 도로 옆에,
잎이 우거진 나뭇가지 아래 자리 잡고 있다. 술탄이 묻힌

튀르베와 함께 모스크 주변에 조성된 울타리 안에 자리 잡은 경우도 있다. 그곳에는 푸른 엉겅퀴가 피어난다. 터키 사람들의 삶은 모스크에서 시작해서 중간에 카페에 들러 담배 한 대 피운 뒤 묘지로 흘러간다. 그러니 성인의 묘지가 있는, 철책으로 둘러싸인 작은 언덕 입구에 자리한 품위 있는 카페들은 운이 좋은 셈이다. 수 세기 전부터 묘지에서는 매일 밤 횃불 하나가 터번을 쓴 대리석 묘비들을 환히 비추어준다. 묘비는 빨간색이나 초록색으로 다시 칠해져 기묘한 아라베스크 풍의 금빛 비문이 더욱 돋보인다.

    스탐불은 멋진 비잔티움 성벽에 둘러싸여 있다. 사람들은 협소한 그 공간에 웅크려 지내다 묻히기를 좋아한다. 사람이 죽으면 근처에 있는 공동묘지에 묻히기 때문에 이제는 거의 모든 공간이 무덤으로 뒤덮여버렸다. 묘지는 골든혼에서 출발해서 키 큰 사이프러스가 심어진 긴 대로를 돌아 묘석이 비죽비죽 솟은 푸른 엉겅퀴 숲으로 들어간다. 때때로 이곳에 새벽부터 안개가 끼면 분위기가 몹시 침울해진다. 흡사 물에 잠긴 수평선이 푸르스름한 피를 쏟아내는 것 같다. 비잔티움 성벽은 패전으로 인해 퇴색했으며, 거대하고 네모난 탑 속에서 냉혹한 분위기를 자아낸다. 그 모습은 '쟈우르[3]'인 내 마음속에 불안감을 일깨운다. 하지만 그들은 성벽을 불안감 없이 바라본다.
죽음에 대한 두려움을 몰아내 주는 종교를 갖고 있기 때문이다.

그날 저녁, 나는 아이반 세라이*에서 톱 카푸*까지 갔다.
거기서 바라다보이는 조망이 무척 넓었다. 움푹 파인 분지 안에
넓은 경사면과 성벽 전체가 한눈에 보였다. 방어용 제방 뒤로는
마차 여러 대가 나란히 달릴 수 있었다. 성탑은 분지 속에
무너져 있었다. 고대의 폐허 위에 여자들이 웅크리고 앉아 있었다.
검은 두건을 쓴 여자들은 마치 히르퓌아*처럼 보였다. 여기 한 명,
저기 두 명이 있었다. 안개에 감싸인 사이프러스가 가을 같은
분위기를 자아냈다. 안개가 덮인 육중한 하늘 때문인지 거칠고
야만적인 느낌이었다. 나는 북방의 바람이 불어와 빛을 위해
태어난 그것들을 모두 덮어버리지 않을까 하는 두려움을 느꼈다.
오래된 비잔티움 벽돌에 몸을 기댄 여자들의 얼굴은 갈색이었다.
몸에 걸친 치렁치렁한 망토 자락이 머리를 감싸 마치 박쥐 같은
인상을 주었다. 그녀들은 얼어붙은 듯 부동자세로 묘비들이 솟은
넓은 들판 쪽을 바라보았다.

스쿠타리는 먼지에 덮인 잊힌 공동묘지 같은 도시였다.
이 도시에서 이유브*는 성스러운 장소다. 이곳 사람들은
숭배받는 인물들의 묘지를 굽어보는 가파른 언덕에 묻히기를

바라는 것 같다. 거기서는 유럽 담수와 골든혼 전체 그리고 멀리 아시아가 내려다보인다. 우리는 포석이 깔린 고대의 길을 다시 내려가다가, 비석이 둘린 작은 언덕에서 자기 오두막집으로 돌아가는 친절한 터키 사람들 몇 명을 만났다.

    모스크는 이미 어둠에 묻히고 있었다. 모스크의 돔 지붕이 보였다. 뜰 안에는 다양한 아름다움을 지닌 도자기 타일로 장식된 화려한 입구가 있었다. 또 튀르베와 신성한 무덤이 있었다. 여자들이 거기에 순례를 와서 죽은 자들에게 기도를 바치고, 온종일 명상을 했다. 그런 다음 돔 주변을 날아다니는 수많은 비둘기에게 경건한 마음으로 옥수수 낟알을 던져주었다.

1 아토스산은 동방정교에서는 1,000년이 넘게 성모마리아에게 봉헌된 성산으로 알려져 있다.
2 터키 사람들은 금요일을 안식일로 지킨다. 건물 위에는 자줏빛 터키 국기가 나부낀다. 유대인은 토요일을 안식일로 지키고, 동방정교도는 일요일을 안식일로 지킨다.
3 터키 사람들이 기독교인을 경멸적으로 일컫는 명칭.

그녀들과 그들*

눈물이 나도록 나를 감동시키는 것들이 있다. 고양이, 페르시아 세밀화, 캄보디아의 작은 청동 조각상이다. 스탐불의 아가씨들과 작은 당나귀들도 몹시 나를 감동시킨다. 내가 볼 때 이들은 무슨 인척 관계가 있는 것 같다. 이들은 매우 귀족적인 느낌을 발산한다. 고양이, 스탐불의 아가씨, 작은 당나귀들은 삶의 매 순간 고귀한 아름다움을 발산한다.(실례! 당나귀를 여기에 포함시킨 것이 좀 지나친 것 같기는 하다.) 페르시아 세밀화에는 천사 라파엘('모든 이의 친구')이 그려져 있는데, 그림의 결이 호밀빵처럼 거칠다. 나는 기메박물관*에서 청동으로 된 시바상을 손가락으로 몰래 쓰다듬어보았다. 그렇다, 나는 그때 작은 전율을 경험할 수 있었다. 우리가 몹시 좋아하고 숭배하는, 그리고 그 사실을 말하고 싶은 누군가에게 감히 던진 말 한마디나 몸짓 하나에서 느낄 수 있는 그런 전율 말이다. 지금 나는 타란토 평원을 지나 브린디시에서 나폴리로 가고 있다.

승합마차 안에는 아름답고 열정적인 이탈리아 여인들이 있다. 전날 밤, 나는 코르푸에서 아드리아해를 건너 브린디시로 가는 배의 갑판에서 보온용으로 배 위에 암고양이 한 마리를 얹고 잠을 잤다. 그리고 이런저런 생각을 하다가 몇 주 전 스탐불 시장에서 도둑맞았다는 페르시아 세밀화를 떠올렸다. 한 남자가 자기 주인 여자를 납치하는 장면이 담긴 그림이었다. 남자는 여자가 탄 당나귀의 다리를 붙잡아 어깨에 메고 있었다. 그 남자 뒤에는 붉은 바위가 있고, 그는 미친 사람처럼 바위를 뛰어넘고 있었다.

주인 여자의 모습은 마치 고양이 같았다. 몽상에 잠긴 표정으로 한 손은 입 근처에, 다른 손은 엉덩이에 대고 있었다. …

잡다하게 뒤엉킨 기억들을 꿰맞추고 비교해 보다가 마침내 어떤 추론에 도달했다! 이 추론이 터무니없다고는 말하지 마라! 왜냐하면 스탐불의 작은 당나귀의 등과 배가 앞에서 말한 페르시아 그림 속에 나온 당나귀와 너무나 흡사하다고 느꼈기 때문이다. 또한 나는 느꼈다. 체리색과 파란색 혹은 검은색 비단옷을 입고 골목길이나 유럽 담수의 둑 혹은 베이코스*의 플라타너스 아래를 지나가던 아가씨들이 마치 도자기 인형처럼 아름답다는 사실을. 그녀들은 페르시아고양이처럼 우아하고 아름답다. 그녀들의 얼굴에 대해 이야기하자면, 주홍색과 검은색으로 채색한 아시아 동쪽의 캄보디아 백대리석 인형이 연상된다. 시바상의 황홀한 자태에 대한 이야기는 내 친구인 작은 당나귀에 대한 이야기를 위해 잠시 유보하겠다.

아무튼 그녀들은 첫눈에 나를 사로잡았다. 시작은 항상 그렇듯 단순했다. 사실 나는 처음 3주 동안 그녀들을 좋아하지 않았다. 그녀들에게서 아무런 매력도 발견하지 못했던 것이다! 어쩌면 저주했다고 말해도 좋으리라. 그러던 어느 날, 하얀 모스크를 즐겁게 감상하고 돌아오면서 나는 클립(클립이란 다름 아닌 오귀스트다.)에게 이렇게 말했다.

"마치 태양처럼 환해! 검은 베일을 신비롭게 드리운 저 이름 없는 여자들은 몹시 관능적이고 매혹적이야, 클립! 그녀들이 머리에 쓴 베일 덕분에, 또 절대로 뚫고 들어갈 수 없는 철갑 같은 겹치마 때문에 말이야. 그 밑은 아마 교태로 가득할 거야. 클립, 내가 너에게 장담하는데 그녀들은 매우 젊고, 사랑스럽고, 조금 통통한 상앗빛 뺨을 갖고 있을 거야. 두 눈은 가젤의 눈처럼 맑고 커다랗고 말이야. 간단히 설명하면 그녀들이 드리운 베일은 말로 표현 가능한 신비를 감추고 있어. 나는 그녀들이 아름다워지고 싶어 한다는 걸 느껴. 또 그녀들은 악마 같은 규범을 교묘히 피해 아름다움을 드러내는 방법을 터득하고 있어. 우리는 복장에 관한 이들의 관습이 강압적이고 모욕적이라고 생각하지만, 그녀들은 옷의 솔기 하나, 자수 하나로도 개성과 매력을 뽐내는 기적을 이뤄내. 그녀들이 어떻게 그럴 수 있었을까? 아주 간단해. 아름다워지고자 하는 의지를 갖고 여자로서의 욕망을 발현하기 때문이야. 네 고장 플랑드르 여자들과 전혀 반대 방식으로 말이야!"

그러자 오귀스트가 나에게 응수했다.

"그럼 네 고장의 여자들은?"

작은 도자기 인형 같은 이곳 여자들에 대해 여러분에게 자세히 이야기하려면, 약간의 과장이 필요하다. 왜냐하면 그 부분은 테오필 고티에˚처럼 잘생긴 '쟈우르'조차 뚫고 들어갈 수 없는 성역이기 때문이다. 테라피아에 머물면서 프리깃함을 지휘하고 계급장을 자랑하던 로티 씨 정도나 가능할까? 아무튼 프랑스 남자가 이곳 여자와 접촉하는 것은 가능성이 매우 희박한 일이다!

이곳 여자들과 관련하여 내가 겪은 유일한 모험에 대해 말해보겠다. 샤 자데 모스크 앞 광장에 장이 섰을 때, 나는 서민 여자들이 머리에 쓰는 무늬가 날염된 스카프 때문에 나이 든 한 터키 여자(이 장에서 언급한 다른 터키 여자들과는 매우 거리가 먼)와 호된 실랑이를 벌였다. 나는 그 여자가 제시한 터무니없는 가격에 몹시 화가 났다. 그런데 옆에서 누군가의 목소리가 들렸다.

"Sprechen Sie deutsch?(독일어 할 줄 아세요?)"

목소리의 주인공은 검은 늑대 모피 밑에 체리색 옷을 입은 터키 아가씨였다. 그녀가 나를 나이 든 터키 여자의 손아귀에서 구해주었고, 나는 내가 고른 작은 스카프를 손에 넣을 수 있었다. 그녀가 아주 정확한 발음으로 말했다.

"Guten Tag, mein Herr!(안녕히 가세요, 선생님!)"

그러고는 흑인 샤프롱과 함께 멀어져갔다. 계단 위에서 한 무리의 터키인들이 우리를 골똘히 내려다보고 있었다. 그들은 눈을 동그랗게 뜨고 우리를 바라보았다. '쟈우르'가 스탐불 한가운데서 베일을 드리운 터키 아가씨와 이야기하는 것을 용인하지 못하는 분위기였다. 더 길게 이야기를 나누었다면 미국 흑인들처럼 집단폭행을 당했을지도 모른다. 터키 사람들은 그런 사건을 경시하지 않으며, 그들 마음속 깊은 곳에는 히드라가 잠자고 있다. 나로 말하자면, 당연히 몹시 기쁘고 동요되었다! 그녀와 이야기를 나누는 내내 베일 너머로 젊고 매력적인 그녀의 모습을 훔쳐보며 감탄했으니, 생각하면 참 우스꽝스럽다. 그날 밤 내가 엽서를 써 보낸 사람들은 내가 아름다운 터키 여신과 잠시 사소한 이야기를 나눴고 그것 때문에 한동안 얼이 빠져 있었음을 잘 알 것이다!

이제 '그들'에 대해 말해보자. … 체리색 때로는 수레국화색 혹은 흑단색 비단옷을 입은 아가씨들은 잠시 내버려두고 말이다. 그들을 쉽게 볼 수 있는 곳은 사이프러스 몇 그루가 경계를 표시하고 부드러운 녹색 식물에 파묻힌 울타리가 있는 골목길이다. 그들은 연어빛 살결을 가진 사람들이 사는 집의 반쯤 열린 나무문 쪽으로 도망치듯 달려가기도 한다.

'그들'은 셀 수 없이 수가 많고 온갖 직종에 종사하고 있다. 아주 빠르다고는 할 수 없지만 바쁜 터키 사람들의 짐을 날라다 주는 성실한 심부름꾼이다. 그들은 산악지방을 줄지어 여행하는 사람들처럼 페라의 가파른 비탈길을 따라 짐을 운반한다. 두 개의 바구니가 몸 양쪽에 매달려 있다. 스물여덟 개쯤 되는 바구니 속에는 사람들이 무너진 집터에서 주워 온 돌덩이가 1미터쯤 쌓여 있다. 그들은 밧줄로 고정한 벽돌도 운반한다. 그들의 몸에서는 방울 소리가 요란스럽게 울려댄다. 온순한 그들은 담배색 피부를 지닌 짐꾼의 온갖 명령을

수행하며 진땀을 흘린다. 그들은 포도 잎사귀로 싼 눈부신
토마토나 맛있는 냄새가 나는 묵직한 '카르푸스'도 운반한다.
간단히 말해 우리는 곳곳에서 그들을 볼 수 있다. 그들은
페라와 스탐불의 또 다른 주민인 것이다. 그들의 수호성인은
성 모데스투스다. 교회는 터키 사람들에게서 그들의 영혼을
보호하기 위해 열성적으로 권유한 결과 그들에게 수호성인을
한 명 붙여주었다. 성 모데스투스 축일이 되면 아토스산에서
축제가 벌어진다. 그날 암노새와 새끼 당나귀들은 채찍질을
당하지 않는다. 편자 박힌 네 발로 평원에서 기쁘게 뒹굴 수도
있다. 평범하지 않은 그들만의 음악회를 열 수도 있다. 또한
그날만은 먹이를 평소의 두 배는 될 만큼 먹을 수 있다. 그 결과,
부드러운 털이 하얀색, 회색, 갈색으로 섬세하게 그러데이션 된
배가 북처럼 팽팽히 당겨진다. '모데스투스'는 '하늘' 혹은
'아카데미'에서 따온 이름이다. 그 이름은 행복과 완벽한 일치를
의미한다. 하지만 호감 가고 사랑스러운 이 작은 하인들을
본 적이 없다면 여러분은 잘 상상이 되지 않을 것이다. 그들은
머리를 높이 들지 않으면서도 재치 있고 우아하게 걸을 줄 안다.
터키석이나 홍옥수로 만든 굵직한 유리알을 이마에 매달고
있지만 거만하게 뽐내는 법이 없다. 그들의 아랫입술은

말쑥하면서도 너그러움이 가득하고, 가죽장갑 표면처럼 털이 듬성듬성 나 있다. 또 살롱풍의 귀족적인 방식으로 거친 작업을 완수한다. 그들에게 페르시아 의상을 입힌다면 우아한 자태가 더욱 돋보이리라. '그녀들'처럼 아름답고 커다란 검은 눈도.

1 여름에 터키 사람들이 많이 먹는 멜론의 일종.

카페

우연이 나를 거기로 이끌었다. 나는 복잡한 시장을 벗어나려고
눈에 띄는 카페로 곧장 들어갔다. 카페는 고요하고 시원했다.
오래된 나무들이 하늘이 뿜어내는 열기를 가려주었기 때문이다.
회색과 빨간색이 섞인 혹은 흰 줄이 그어진 널찍한 식탁보가
네 모서리가 고정된 채 바닥까지 늘어져 있었다. 고르지 않은
잿빛 원 모양의 포석 위에는 우거진 나뭇가지 사이를 뚫고 들어온
하얀 햇살이 춤을 추고 있었다. 긴 의자 두 개를 놓고 화려한
장식을 한 작은 방에서 사람들이 커피를 끓였다. 터키의 집들은
구불거리는 좁은 길목에 촘촘히 늘어서 있어서 시야를
차단하곤 한다. 이 카페로 오는 동안 나는 기묘한 돌계단을
오르고, 높은 벽에 뚫린 예쁜 문 아래를 지나갔다. 카페에는
수많은 벤치가 울타리를 이루며 곳곳에 흩어져 있고 빨간색,
검은색, 노란색 줄무늬가 있는 천이 그 위에 덮여 있었다.
벤치는 깊어서 몸을 파묻을 수 있을 것 같았고, 등받이와

팔걸이도 있었다. 사람들은 신발을 벗고 거기에 웅크리고 앉았다.
그 모습이 오히려 말쑥한 인상을 풍겼다. 기진맥진한 목수나
젊은 부랑아처럼 팔꿈치를 괸 자세보다는 아름다워 보였다.
커피가 나왔다. 여러분도 알다시피 커피는 아주 작은 잔에
담겨 나오고, 차는 배 모양의 둥근 유리잔에 담겨 나온다.
둘 다 겨우 1수고, 몇 번이고 잔을 다시 채워준다.

    카페에서는 100명가량의 터키인들이 조곤조곤 이야기를
나누고 있었다. 물담배통 안에서 물이 부글거리고, 공기는
담배연기 때문에 푸르스름했다. 터키담배는 질이 훌륭하지만
사람들은 담배를 과도하게 피우는 경향이 있다. 몸이 고장나야
절제한다. 오귀스트도 끊임없이 담배를 피우며 자기 몸을
괴롭혔다. 터키 사람들은 터번을 쓴 머리에 다시 터키식
모자를 쓴다. 그리고 잿빛과 파란빛이 도는 검은색 긴 옷을
입는다. 온통 분홍색으로 차려입은 나이 든 남자 한 명이
지나갔다. 그 옷차림이 마치 어린아이 같은 인상을 준다.
터키 노인들은 상냥하고, 즐겁고, 생기 넘치는 눈을 갖고 있다.
그리고 신체를 자유롭게 움직인다. 기도할 때마다 곡예 같은
동작을 하기 때문에 가능한 일이리라. 노인들은 웃는 낯빛으로
카르푸스를 팔 밑에 끼고 족제비처럼 날렵하게 돌아다닌다.

내가 앉은 탁자 위에 파란 수국이 가득 놓여 있었다. 다른 탁자에는 장미와 패랭이꽃이 있었다. 두 걸음 떨어진 곳에서는 터키 로코코 양식의 조그만 대리석 분수가 노래를 부르고, 둥글게 만 털실 뭉치 같은 고양이들이 젠체하며 주변을 돌아다녔다. 이 카페를 더 생생하게 묘사하려면 카페 의자 사이에 뻗어 있는, 모스크에서 흔히 볼 수 있는 다각형 기둥 여섯 개에 대해 말해야 한다. 기둥머리 장식은 독특한 스페인 바로크풍이다. 다섯 개의 작은 돔 지붕은 검은 나무문 하나가 달린 단색 담장으로 이어진다. 나무문에는 자개와 상아로 상감한 복잡한 장식이 빛나고 있다. 여러 색깔로 짠 벽걸이 양탄자가 둥근 지붕 밑에 깔린 등나무 돗자리에까지 늘어져 있다. 우거진 나뭇잎 사이로 보이는 모스크 첨탑 위에 무에진이 막 올라갔고, 곧이어 기도 시간을 알리는 날카로운 소리가 울려 퍼진다. 어느새 사람들이 돗자리에 엎드려 절을 하며 알라를 숭배하는 기도를 올렸다.

 이곳에서 나는 터키의 고상하고 감동적인 정취를 발견했다. 탁자에서 얼마 떨어지지 않은 곳에 작은 무덤 세 개가 있었다. 무덤 가장자리에는 돌이 둘러쳐져 있고 가느다란 철책이 세워져 있었다. 그 옆에 자라난 몇 미터 높이의 나무에 걸린 등불 하나가 무덤들을 매일 밤 환히 밝혀준다. 비석에 글씨를 휘갈겨 써놓았는데, 하늘을 향해 뻗은 키 큰 무화과나무 뿌리 사이에 잠든 용감한 사람들의 미덕에 대해 말하고 있으리라. 그들의 평온한 죽음을 알리기 위해 이렇게 산 자들 사이에 무덤을 만든 것이리라. 분홍색과 파란색, 하얀색 옷을 입은 어린아이 같은 인상을 풍기는 선한 노인들은 매일 아침 이 무덤에 와서 망자들에게 인사를 하고는 중얼거릴 것이다. "그래요, 우리도 곧 갈 겁니다. 우리도 기쁜 마음으로 갈 거예요! …"

이곳 파샤 마흐무드 카페는 활기찬 시장에서 멀지 않은 곳에 있다. 근처에 첨탑 하나가 있고 장식이 전혀 없는 네 벽에 둥근 지붕 하나가 얹힌 작은 모스크가 있다. 나는 저녁 시간에 오귀스트와 함께 여러 번 여기에 들러 즐거운 시간을 보냈다.

열려라, 참깨

중앙시장! 이곳은 많은 여행객에게 최악의 장소로 남아 있을 것이다. 우선 상인들은 손님에게 물건을 들이밀기만 할 뿐 아무런 배려도 하지 않는다. 상인들은 시끄럽게 떠들어대며 터무니없는 가격에 흥정을 제안하고, 아무것도 모르고 거기에 온 사람들은 혼이 빠져 그곳에서 줄행랑친다! 거기에 돈지갑을 두고 오지 않았다는 사실만으로도 다행스러워할 정도다. 그러나 매우 놀라운 사실도 있다. 이곳에서 파는 물건은 모두 오래되고 고풍스러운 골동품이다. 특히 도자기 제품이 다양하게 구비되어 있다. 오래된 빈 도자기, 마이센 도자기, 작센 도자기, 베네치아 도자기 등등. 석유램프가 쿠타야산 촛대로 둔갑하기도 한다. 그래도 그들은 "안티카!"라고 외친다. 손잡이와 주둥이에 흠집이 있고 운반해 오는 도중 배 부분이 터진 포렌트루이* 항아리가 양쪽에 손잡이가 달린 진품 미케네 항아리로 둔갑한다. 중앙시장의 상인들은 자기들이 파는 물건에 대해 나보다 더 무지한 경우도 있다. 일례로 어떤 상인이 이스파한에서 가져온 것이라며 독일의 식기 제조업체가 2-3년 전부터 수천 개씩 만들고 있는 잔 받침 하나를 나에게 권유했다. 서투른 솜씨로 손 그림을 그려 넣은 조잡한 도자기였다. 보통 잔과 잔 받침 세트로 2페니히*에 팔리는데 그 '순박한' 상인은 20프랑을 불렀다! 또 다른 상인은 페르시아 칠기라며 진열창 안에서 물건을 꺼내 보여주었는데 그리 훌륭할 것도 없는 양철 뮤라티스 담배통이었다. 여러분도 아는, 금줄이 둘린 파란색과 빨간색으로 된 담배통 말이다. 그런데도 그 상인은 이렇게 말하는 것이었다. "그래요, 선생님. 페르시아 것입니다. '안티카'예요!"

이런 예는 그 밖에도 수도 없이 많다. 내가 일부러 그들에게 불리한 증언을 하는 것이 아니다.

이곳 상점들은 그야말로 '열려라, 참깨'다. 수북이 쌓인 물건더미에서 동방이나 유럽, 이슬람, 심지어 정글에서 온 것까지 매우 호화로운 동방의 보물을 찾아낼 수 있기 때문이다. 대상들이 사막을 지나고 산과 가시덤불을 지나 여기까지 가져온 물건들이다. 중앙시장은 뒤죽박죽 뒤얽힌 미로다. 하도 복잡하게 얽혀 있어서 베데커가 나침반을 준비하라고 조언했을 정도다.

몇 킬로미터를 다니는 동안 회랑으로 이루어진 통로가 끝도 없이 이어진다. 사방이 막혀 있어서 숨이 막히지만 조용하다. 다행히 작은 창문이 여기저기 뚫려 있어서 아름답고 투명한 빛이 조금씩 흘러든다. 밤에는 활력 없이 가라앉아 있지만 낮에는 소란스럽고 맹렬하다. 황혼 녘이면 무거운 상점 문이 소리내어 닫히고, 소음이 잦아든다.

나는 수상한 상인들의 외침 소리를 들으며 시장 안으로 들어갔고, 입구의 상인방上引枋 위에 올라앉은 금속으로 된 신상神像을 보았다. 신은 금빛 배가 뚱뚱했고 두 손을 마주 비비고 있었다. 입술은 탐욕스러웠고, 이마는 오랑우탄의 이마처럼 뒤로 후퇴해 있었다. 귀는 당나귀처럼 길었다. 신은 불안한 눈빛으로 콧구멍을 킁킁거렸다. 그 신의 사제 한 명이 시장바닥에 서서 역겹고 수다스럽고 귀를 먹먹하게 하는 호객 행위를 하고 있었다. 그는 자기 주인과 똑같은 특징을 갖고 있었고, 다리에서 통행료를 받는 남자들처럼 손이 거칠었다. 그는 우리처럼 옷을 입고 여러 나라 언어를 아주 서투르게 구사했다. 머리카락은 숱이 많고 곱슬곱슬했다. 그는 '상스러운 자'라고 불린다. 신상이 당당하게 자리 잡은 정면 입구의 두 기둥 위에 경구 세 개가 쓰여 있다.

"훔쳐라, 그리고 거짓말해라!"
"훔치기 위해 거짓말해라!"
"훔쳐라, 훔쳐라, 훔쳐라!"

나는 사람들에게 떠밀려 소음이 가득한 대로 한가운데 있었다. 왼쪽과 오른쪽에서 상점들이 혐오스러운 싸구려 장신구와 추한 양탄자가 있는 예배당처럼 환히 빛났다. 하지만 상점 안에는 아름답고 매혹적인 물건도 수없이 많이 있었다. 사람들은 자기 것으로 삼을 수 있는 물건을 바라볼 때 눈빛과 기분이 달라진다. 반면 박물관에 전시된 물건을 볼 때는 지루하고 침울한 느낌으로 냉정하게 바라본다.

　우리는 제 발로 상점 안에 걸어 들어가는 것이 아니다. 정신을 빼앗긴 채 떠밀려 들어간다. 우리는 기계장치 속에 들어간 꼭두각시 인형이 되고, 상인들의 '협잡'이 시작된다. 그들의 무분별한 객설은 당신을 옴짝달싹 못 하게 잡아매고, 밖에서는 대여섯 명의 상인이 한꺼번에 당신을 붙잡고 호객 행위를 한다. 상점 안으로 다시 들어가면 주인이 엄청나게 큰 소리로 혼을 쏙 빼놓는다. 그들은 당신이 원하는 것을 당신보다 먼저 알고 있다. 벽이 무너져 내리고 바닥이 올라가면서 직물이 눈앞에 펼쳐진다. 직물은 너무 빠르게 다른 것으로 바뀌어 눈이 아프다. 상인들은 손으로 직접 만져보라며 우리 손에 천 자락을 쑤셔 넣는다. 솜씨를 보라며 코밑에 들이밀기도 한다. 식탁보처럼 널찍한 부하라* 자수품, 이즈미르, 앙고라, 페르시아에서 가져온 무겁고 색이 짙은 양털 양탄자 등이다. 비단에 은실을 넣어 짠 얇은 이오안니나* 천, 생경한 마케도니아 천, 화려한 비단, 올이 촘촘한 스쿠타리 벨벳, 페르시아나 인도풍의 무늬가 프린트된 원통형 용기가 뒤를 이어 등장한다. 모든 것이 무너지고, 펼쳐지고, 원을 그리며 돌고, 우리의 얼굴을 후려친다. 최상품과 쓰레기 같은 싸구려 물건이 한데 어울려 무질서하게 쌓여간다.

그 흡혈귀들은 거절의 표시라면 금세 알아차린다.

"그래요, 이것은 손님께 필요한 물건이 아닙지요. 손님의 취향을 잘 알겠습니다. 여기, 이쪽으로 오십시오. 이쪽에 물건이 더 있습니다!"

상인은 도자기를 가져와 유리로 된 진열창 아래를 가득 채운다. 도금한 황동 장신구와 상아도 있다. 쿠타야의 고대 도자기, 무너진 모스크에서 가져온 듯한 어마어마한 가격의 페르시아 타일, 기름을 붓고 식료품을 보관했던, 배 부분이 불룩한 파란 화병도 있다. 화병은 용도 때문인지 지금까지도 악취를 풍긴다. 고장 난 알바니아 총이나 다마스쿠스 단검을 면전에서 볼 수도 있다. 상인은 그것이 얼마나 훌륭한 물건인지 강조하며 혀를 찰 것이다! 상인은 손님이 보고 싶어 하지 않는데도 끌로 조각한 구리제품을 구경하라며 몰아대고, 칠기는 없냐고 묻기라도 할라치면 "아, 그래요. 여기 있습니다." 하며 두 손 가득 칠기를 채워줄 것이다. 그러고는 코란이라도 읽듯 열변을 토할 것이다. 만일 손님이 마음에 들지 않는 표정을 지으면 그들은 이렇게 외칠 것이다.

"손님, 얼마나 자연스러운 물건인지 좀 보십시오.(요즘 사람들은 단추 하나, 나뭇잎 하나 빠짐이 없는, 영화처럼 생생하고 사진처럼 정확한 물건을 좋아하기 때문이다.) 이 물건이 말이라도 건넬 것 같지 않습니까. 손님! 손님!(이들은 손님이 자기 말을 한쪽 귀로 흘려들을까 봐 항상 조바심을 낸다.) 이건 골동품입니다!"

상인의 반복법은 절정에 이른다.

"손님, 이것은 완전히 손으로만 만든 것입니다. 제 명예를 걸고 맹세합니다!"

하지만 양탄자가 여전히 어지럽게 놓여 있고, 상인이 과장된 몸짓을 하며 움직일 때마다 도자기가 망가질 것처럼 위태롭다. 다음 순간 당신은 어느 그림 한 점에 매혹된다. 튤립과 히아신스가 핀 이스파한의 정원 안 황금빛 닫집 밑에 있는, 진홍색 옷을 입은 페르시아 아가씨를 그린 그림이다. 그들은 숨을 헐떡거리며 당신을 곁눈질한다. 갖가지 물건으로 혼잡한 상점 안에서 '상스러운 자'의 끔찍한 계승자가 튀어나온 눈으로 여러분을 열심히 살펴보고 있다. 이제는 더 이상 어쩔 도리가 없다. 물건을 너무 많이 보았고, 당신은 지친 나머지 방심 상태가 된다. 방심 말고는 아무런 반응도 보일 수가 없다. 물건의 홍수와 상인의 협잡이 당신을 무력화시키고 바보로 만든 것이다.

이제 때가 되었다! 당신은 저항할 기력도 없다. 당신은 미소를 띠고 상점 안에 들어갔고 부하라 자수품을 '감히' 지나치게 오래 바라보았다. 다시 말해 당신은 유혹에 넘어갔다. 당신이 졌다!

당신은 묻는다.

"이거 얼마죠?"

"음, 음, 그러니까…… 400프랑입니다, 손님!"

당신 역시 '음' 소리를 낼 것이다. 그러나 의심하는 듯한 그 소리는 실수다. 이제 상점 주인은 재미난 코미디를 연출할 것이다. 이제부터는 오직 상점주인 한 사람만 프랑스어를 하고 다른 사람들은 눈을 크게 뜬 채 터키인 특유의 무심한 표정을 지을 것이다. 주인의 입에서는 프랑스어가 물 흐르듯 쏟아져 나올 것이다!

"예, 손님. 400프랑입니다. 거저 드리는 거나 마찬가지예요, 제 명예를 걸고 맹세합니다! 하지만 손님에게만 특별히 그 가격에 드리는 겁니다. 손님은 제 친구이고 이 방면에 정통하신 분 같아서요. 여기 오는 손님들 중에 물건을 볼 줄 모르는 바보가 얼마나 많은 줄 아십니까!(이 대목에서는 나 스스로도 매우 자부심을 느꼈다.) 그러니 저로서는 손님 같은 전문가에게 물건을 파는 영광을 누리고 싶지요! 저는 손님과 거래를 하고 싶습니다. 그래야 손님이 저를 다시 찾으실 테니까요. 손님도 만족하실 겁니다! 이유는 또 있습니다. … 오늘이 토요일이거든요. 한 주간을 마감하는 날이지요! 오늘이 일요일이거든요. 저는 일요일에 거래하는 것을 몹시 선호합니다. 일요일에 거래를 하면 행운이 오니까요. 그래서 대폭 할인을 해드립니다. 말하자면 밑지고 파는 거예요! 오늘이 월요일이거든요. 한 주간을 시작하는 날이지요. 오늘이 화요일이거든요. 게다가 우리끼리 하는 얘기지만 이번 시즌은 매출이 나쁩니다. 물건이 도통 팔리지 않아요. 이 장부를 좀 보십시오.(상인은 페이지가 비어 있는 매출장부를 당신에게 보여준다.) 아, 손님, 오늘이 수요일인데 지금껏 아무것도 팔지 못했습니다! 콜레라 때문이에요! 손님, 손님! 이 직물을 좀 보십시오.(당신은 그 직물을 눈에 바싹 대고 들여다본다.) 이 비단의 촉감을 느껴보십시오.(당신은 두 손 가득 그것을 만져본다.) 이 무게 좀 느껴보세요, 손님!(먼지구름이 일고, 상인은 당신의 두 팔에 물건 꾸러미를 잔뜩 안긴다.)"

그런 다음 말한다.

"손님, 제 얼굴을 걸고, 제 명예를 걸고, 제 양심을 걸고 말씀드립니다! 중앙시장 전체를 돌아다녀보시고, 만일 이 물건만큼 좋은 물건을 찾아내시면 제가 이 물건을 손님께 공짜로 드리겠습니다. 아니, 돈까지 더 얹어드릴게요! 제가 손해를 보겠다는 말입니다! 그렇게 하십시오!(그리고 당신의 귓가에 속삭인다.) 아까 제가 400프랑이라고 손님께 말씀드렸지요. 손님은 제 형제이십니다. 그런데 저기 있는 사람들은 제 진짜 형제들이죠. 하지만 이 사실을 모릅니다. 프랑스어를 모르니까요. 만약 이 사실을 알게 되면 저에게 화를 낼 겁니다. 그렇게 되면 무슨 일이 일어날지는 오직 신께서만 아시지요. 아, 저는 무지 욕을 먹을 겁니다!"

그런 다음 영웅적인 투로 말한다.

"하지만 어쩌겠습니까, 손님. 요즘 경기가 너무 안 좋은 걸요!"

1시간 후, 당신은 작은 짐꾸러미를 팔 밑에 끼고 상점을 떠난다. 결국 당신은 150프랑을 냈다. 하지만 당신의 마음은 후회로 가득하다. 당신이 반짝이는 루이 금화를 돈주머니에서 꺼낼 때 상인의 눈이 번득이는 것을 보았기 때문이다. 그는 마지막까지 연극을 하지 못했다. 마지막까지 '상스러운 자'의 역할을 해내지 못했다! 그들은 금화를 보면 늑대처럼 달려든다.

오귀스트는 이 주제에 대해 다음과 같은 신중한 발언을 했다.

"내가 생각할 때 그 사람들은 황금빛 굶주림을 열망하는 것 같아. 부르사에서 우리가 잠깐 자리를 비운 사이 침대를 차지해 버린 빈대들처럼 말이야!"

이것은 중앙시장의 어느 한구석, 그리스 구역에 대한 이야기다. 터키 사람들은 이미 물러난. 터키 사람들이 물러난 다음 그곳은 타락했다. 결국 그 상인은 정직한 건지도 모른다. 적어도 자기가 무엇을 파는지는 알고 있으니 말이다.

두 개의 동화, 하나의 현실

우리는 열정적인 애국심에 흥분한 서유럽 군중 한가운데
서 있다. 일요일 저녁 나폴리, 3만 명의 군인이 트리폴리로 가는
배에 올랐다. 그날 나는 이른 망각 속에 빠져버린 추억들을
다시 건져 올렸다. …

    황혼이 짙어지면 우리는 아무것도 기대하지 않게 된다.
조밀한 빛의 분자로 가득한 대기는 잿빛을 띤 검은색이었다.
별들은 깜깜한 하늘에서 두더지의 눈처럼 반짝거렸고, 달은
꾸물거리며 늦게 나왔다. 배는 보스포루스 해협의 차가운
바람에 떠밀려 스탐불 쪽으로 나아갔다. 우리는 묘지들이
빽빽한 스쿠타리에서 들판의 엉겅퀴 때문에 발에 상처를 입은 채
돌아오고 있었다. '울부짖는 이슬람 수도승들'의 열렬한
예배에도 참석했다. 그 예배에 대해서는 아무 말도 하지 않겠다.
일단 이야기를 시작하면 절대 결말을 내지 못할 테니까.
먼바다에 있는 배는 돌마바흐체궁*만큼이나 넓었다.

오, 젊은 터키여, 이 얼마나 멋진 만남인지! 그런데 저게 뭐지? 스탐불 산봉우리에 빛나는 고리 같은 것이 걸려 있었다. 그 아래에 세월의 흐름 속에서 하얗게 바랜 듯한 백대리석 기둥의 몸체 부분이 보였다. 골든혼으로 들어가자 날씨가 온화해졌다. 늑대나 금발의 킴브리족*이 사는 초원에서 해협을 통해 불어오는 날카로운 바람을 얼굴에 맞지 않아도 되었다.

날씨는 따뜻했고, 터키적인 고요함이 있었다. 우리가 탄 배는 마지막 배였고, 페라의 바다는 빛으로 구멍이 뚫려 있었다. 바다를 굽어보는 스탐불의 언덕 꼭대기에는 마치 고리처럼 보이는 백대리석이 둘러쳐져 있었다. 대리석은 저녁 햇빛 속에서 모스크의 돔 밑에 매달린 야등처럼 반짝였다. 대리석은 금빛이었고, 네 개의 줄을 이루었다. 우리가 걷는 동안 어둠이 더욱 짙어졌다. 금색과 검은색, 이 둘은 지고의 우아함과 지고의 힘을 보여주었다! 주변은 이루 말할 수 없을 정도로 평온했다! 다른 한편으로는 그야말로 아무것도 보이지 않고, 아무 소리도 들리지 않았다. 그렇다면 저 소리는 무엇인가? 터키 사람들이 안식일을 지키는 소리였다. 그 시간, 모스크들은 수런거리며 소리를 내고 있었다. 검은색, 때로는 분홍색 긴 옷을 입은 터키 노인들이 웅크리고 앉아서 하는 기도 소리와 이야기

소리였다. 머리에는 하얀색이나 초록색 터번을 쓰고 말이다.

내 눈은 마침내 이해할 수 있었다. 오른쪽으로 많이 치우친 곳에 겹쳐진 세 개의 고리 여섯 세트가 있었다. 그것은 아흐메드모스크였다. 그리고 하늘에서 내려온 페가수스처럼 위엄 있는 사변형 건물 네 개는 성소피아대성당이었다. 누르오스마니예모스크는 바야지트모스크와 뒤죽박죽으로 섞여 있다. 네 개의 첨탑 밑에 스핑크스처럼 엎드린 건물은 슐레이만모스크다. 그러나 원근감 때문에 희미하게 보인다. 나는 샤 자데, 술탄 메메드, 술탄 셀림의 철자를 더듬거려보았다. 앞쪽 오른편, 다리의 머리 부분에는 발리데모스크*의 첨탑이 번쩍이고 있었다.

새벽 4시, 나는 페라와 스탐불 사이의 '새로운 다리' 위에 있었다. 매우 불투명한 잿빛 하늘에 하얀 안개가 비스듬히 자리 잡고 흐릿하게 흘러간다. 그 아래에는 골든혼의 바닷물이 있을 것이다. 그러나 바닷물은 보이지 않았다. 두꺼운 천 자락처럼 하늘을 덮은 안개는 천천히 나부끼고, 빛깔이 희미해지는가 하면 바람에 흩어져 눈발처럼 날렸다. 그러더니 이내 둥글고 묵직한 눈송이가 되어 떨어졌다. 눈송이는 바닥에 닿아 부서지는가 싶더니 이내 모든 것을 덮어 감춰버렸다. 짙은 안개가 낀 새벽 4시는 밤보다 더 어두웠다. 안개의 이동이 다시 계속되었다. 안개는 하늘에 비스듬히 자리를 잡고 부채꼴 모양으로 이동했다.

팔팔하게 살아 있는 강력한 수증기가 하늘에서 마구 솟구쳤다. 높이 솟고 난간도 없는, 반쯤 열린 부교 가장자리에 나는 서 있다. 거의 현기증이 일 정도다. 아래쪽에서 외침 소리가 들린다. 곧이어 선구와 비스듬히 기울어진 돛대, 펄럭이는 진한 색 돛이 내 눈앞을 지나갔다. 흩어진 안개 속에서 오른쪽과 왼쪽의 소형 선대 둘이 돛을 펼치고 부교 사이를 서둘러 빠져나가 멀리 떨어진 운하 쪽으로 가는 것이 보였다. 뭔가가 부딪치는 소리, 멈추는 소리, 외침 소리가 들려왔다. 황급한 몸짓도 보였다. 돛과 돛대와 밧줄이 시야에서 사라지고, 이제는 불투명했던 하늘에 해가 떠올랐다. 아침 해는 시야 안의 모든 것을 비추었고, 안개를 더욱 불투명하게 만들었다. 해는 하늘에 혼잡하게 퍼져 있던 구름 더미를 가르고 승리를 쟁취하듯 깊은 틈새를 만들어놓았다. 그러나 안개는 묘지에 빽빽이 서 있는 사이프러스처럼, 유목민 무리처럼 골든혼의 하늘에 격렬하게 밀려들었다.

갑자기 다리 끄트머리에 거무스레한 발리데모스크가 보였다. 그러나 잠시 후 시야에서 사라졌다. 위쪽에는 어두운 스핑크스 같은 형상의 슐레이만모스크[1]가 있었다. 왼쪽에 보이는 돛대 숲이 햇빛을 받아 다갈색을 띠더니, 물안개 속에 잠겨버렸다. 해가 승리하는 듯했다. 싸움은 매우 치열해졌다. 구름 더미는 불안에 사로잡혔고, 배는 모두 그곳에서 빠져나가려 했다. 이따금 마르마라 해 쪽에서 축축한 평원 냄새가 풍겨왔다. 그리고 멋진 삼각형 모양으로 나부끼는 돛이 마치 카메오로 조각된 모습처럼 눈에 들어왔다. 배들이 서둘러 운하 안에 모여들었다. 작은 배들은 『일리아스』에 나오는 배처럼 선원 한 명만 있는 경우가 많았다. 선원들은 맨발로 바닥을 지탱한 채 다리 사이로 키의 수평 막대를 잡고 있다. 두 손으로 밧줄을 잡아당기기도 하고, 바람이 세게 불면 펄럭거리는 널찍한 돛을 움켜쥐고 갑자기 위로 튀어 오르기도 한다. 커다란 장대를 다른 배에 걸어 온 힘을 다해 밀어내기도 한다. 우리로서는 상상할 수조차 없는 대단한 힘이었다.

안개구름이 그치지 않고 모여들었다. 도무지 걷힐 기미가 보이지 않았다. 안개는 음산하게 배들을 감쌌다. 해는 완전히 지쳐버렸다. 발리데모스크는 여전히 거무스레하게 보였고, 페라 쪽에서는 아무것도 보이지 않았지만 하늘 높은 곳에 붉은 기운이 서려 있었다. 배 수백 척이 지나갔다. 그리고 나는 잊지 못할 장면을 보았다. 부드러운 분홍빛 슐레이만모스크가

어두운 장막을 뚫고 솟아올랐다. 그것은 분홍빛 막 위에서
청금석 빛깔로 변하더니, 이어서 차가운 화강암 속의 백대리석이
되었다. 슐레이만모스크는 사라졌다가 다시 나타났고, 곧
대기 전체가 분홍빛으로 반짝였다. 바다가 뚜렷이 모습을
드러냈다. 색은 항상 그렇듯이 단조로웠다. 아주 멀리서 배들이
즐겁게 돌진하는 모습이 보였다. 드라마가 급히 펼쳐졌다.
많은 것이 눈에 들어왔다. 발리데모스크가 시야에 확고하게
자리 잡았고, 단주식柱式의 멋지고 자그마한 루스템 파샤
모스크la mosquée Roustem-Pacha도 보였다. 슐레이만모스크가
그렇게 높아 보인 적이 없었다. 산 위로 올라갔거나 하룻밤 새에
키가 엄청나게 커진 것만 같았다. 나는 뒤를 돌아보았다. 파란색과
산호색 파도 거품이 이는 소용돌이 속에 제노바 탑이 보였다.
환상적인 광경이었다. 제노바 탑은 기울어진 채 굴뚝이 비죽 솟은
높은 집들에 어깨를 기대고 있었다. 제노바 탑은 창문 하나 없는
기다란 원통 모양이고, 꼭대기에는 눈에 띄는 왕관 모양의
장식이 있었다. 마치 기계 조각처럼 거칠고 딱딱했다. 그 거대한
돌덩어리는 마치 비극적인 장갑선 같았다. 잠시 혼이라도 빠진 듯,
뱃사람을 유혹하는 사이렌의 울음소리가 들리는 듯했고 불길한
예감이 들었다.

분홍빛 안개구름이 세상을 덮어버렸다. 안개는 몇 번이고 나타났다가 다시 사라졌다. 그러더니 붉은 원반 모양의 태양이 뚜렷이 모습을 드러냈다. 태양은 안개구름을 뚫고 몹시 따갑게 내리쬐었다. 태양이 이겼다. 모스크들이 희뿌연 모습을 드러냈고, 스탐불이 보였다. 제노바 탑의 그늘진 어깨 부분이 준엄한 적갈색 색조의 페라와 포개졌다.

수증기의 장막이 마지막으로 흔들릴 때, 나는 꿈을 꾸었다고 생각했다. 범선들이 사라졌고, 증기선 한 척이 스쿠타리에서 도착했다. 다리가 다시 닫혔다. 스탐불 사람들, 농부와 짐꾼들이 급류처럼 몰려들었다. 당나귀들이 포도 잎사귀로 싼 토마토를 싣고 점잖게 나아왔다. 짐꾼들은 상상을 초월하는 짐의 무게에 눌려 땀을 줄줄 흘렸다. 그들은 주름 잡힌 우스꽝스러운 반바지 밑으로 보이는, 노동으로 단련된 호리호리한 다리를 휘청거리며 계단식 길을 올라 갈라타탑 쪽으로 휩쓸려갔다.

그것은 피할 수 없는 하나의 현실이었다! 우리는 이곳을 떠나기로 했다. 정복자들에게 넘어간, 열렬히 숭배받는 이 도시를 떠나야 했다. 그리고 우리에게 24시간의 유예 상태가 선고되었다. 다시 말해 '젊은 터키'의 명에 따라 흑해 연안에 정박한 러시아 대형 여객선 안에서 마흔 명가량의 사람들과 함께 기다려야 했다. 여객선 안에는 검은 옷을 입은 순례자, 박해를 피해 도망치는 유대인, 페르시아인, 연극 배우처럼 옷을 입은 캅카스인들이 가득했다.

콘스탄티노플 연안으로 되돌아가야 했다. 햇빛이 반짝이는 오후 한창때였다. 보스포루스 해협 양쪽 푸르른 해안에 배의 항적이 빠르게 생겨났다. 나무로 된 코나크들이 파도에 잠기는 광경이 우리의 우울한 시선에 포착되었다. 돛이 살랑거리며 우리를 희롱했다. 마치 무슨 일이 생기리라는 전조 같았다. 그리하여 우리는 그곳으로, 아시아가 유럽으로부터 급작스럽게 멀어지는 곳으로, 그 잊을 수 없는 곳 앞으로 나아갔다. 햇빛이 돌로 지은 거대한 도시 스탐불을 뒤에서 비추고 있었다. 햇빛의 떨림 때문에 바닷물 위에는 순결한 흰색 받침돌이 형성되었다. 그 위로 범선들이 지나가고 말 없는 대형 여객선들이 닻을 내렸다. 뱃머리 쪽에는 사이프러스와 무화과나무에 둘러싸인 하렘의 지붕이 층을 이루며 늘어서 있었다. 하렘은 한 편의 시와 같은 궁전이며, 모방할 수 없는 우아함을 지녔다. 역광을 받은 빛의 안개들이 바다 위에서 녹고 있었다. 마리마흐까지 펼쳐진 역광이 투명함이 사라진 하늘에 뚜렷이 부각되었다. 이런 장관은 두 번 다시 볼 수 없으리라!

우리가 탄 배는 바다 위를 빠르게 지나갔다. 이제는 오직 깊은 청록색의 바다와 깊은 바다 위에 드리운 배의 그림자만 보일 뿐이었다. 그 그림자 속에서 내 작은 사원이 상처 입고 부서지고 있었다!

1   쉴레이만모스크는 '아흐메드 자미'와 함께 스탐불에서 가장 중요한 모스크다. '자미'는 모스크를 뜻한다. 그러나 사람들은 그 모스크를 건축한 사람을 기리는 의미에서 모스크를 지칭할 때 '술탄'이나 '파샤'라는 칭호를 자주 사용한다.

스탐불의 재앙

나는 악몽에서 깨어났다. 비극적인 밤이다! 거대한 불길과
무표정한 사람들, 충격을 받고 우왕좌왕하는 군중, 외침 소리와
눈물로 뒤범벅된 아비규환의 장면이 보였다. 다른 한쪽에서는
축제의 팡파르와 폭죽 터지는 소리가 들려오고 불빛이 요란하게
반짝였다. 나는 창밖을 내다보았다. 햇빛이 하얗게 비치는
오전 9시였다. 멀리 보이는 스탐불은 조용하고 변한 것이 없다.
술탄 메메드 모스크와 슐레이만모스크가 언제나 그렇듯
창공에 우뚝 서 있었다. 이상한 점은 아무것도 없었다. 하지만
집 구천여 채가 잿더미가 되었다.

어제 우리는 스탐불 맞은편 페라와 유럽 담수 사이, 풀 한 포기
없는 대고원 위에 있었다. 어제는 헌법제정기념일이었다.
청년튀르크당원들이 무리를 지어 행진을 벌였다. 소용돌이를
일으키는 부옇고 붉은 먼지 속의 행렬은 '호들러풍'으로 표현된
라페*의 몽상 같았다. 예나*의 벽화에서처럼 무장한 학생들의

행렬이 끝없이 이어졌다. 군대는 이미 행진했다. 그다음으로는 뜻밖에도 수백 명씩 무리를 지은 소방관들이 지나갔다. 우리는 어안이 벙벙했다. 저 사람들이 다 함께 모여 여기서 뭘 하는 거지? 하지만 이 나라는 습격과 음모가 자주 발생하는 나라이고 지금은 반동 세력의 보복 행위가 일어날 수도 있었다! 전날 우리가 산책했던, 수도교 저 너머에 있는 널찍한 들판만 하더라도 2년 전 정치 보복이 발생한 장소라고 하지 않았던가. …

소방관들은 축제를 맞이하여 몇 시간 후면 세 지점에서 시작된 불길에 휩싸일 스탐불 시내를 행진하고 있었다.

우리는 아침에 축제 행렬을 구경하느라 피곤해진 탓에 겉창을 닫고 방 안에서 책을 읽었다. 우연히 창밖을 내다보니 스탐불은 시커먼 연기와 불길에 둘러싸여 있었다. 군 사령부 건물에서도 불길이 치솟았다. 길에서는 '자원 소방관' 여러 무리가 미친 듯 소리 지르며 맨발로 뛰어다녔다.

우리는 재빨리 옷을 갈아입고 '추모 광장'을 빠르게 달려 내려가 갈라타 다리를 가로질러 골든혼 부교에 도착했다. 스탐불은 수없이 많은 목조 주택이 빽빽하게 숲을 이루고, 모스크와 관공서 건물들만 보랏빛이 도는 진초록빛 양탄자 위에 하얗게 서 있는 곳이다. 사람들이 불이 난 곳으로 급히 돌진하느라

다리 위는 매우 혼잡했다. 엄청난 재앙이 일어났음을 알아차릴 수 있었다. 우리는 상점이 빼곡히 서 있는 시장 근처의 구불구불한 길을 올라갔다. 그을음 때문에 길에는 시커먼 물이 흘렀다. 짐꾼들이 길을 터달라고 외치고 장인들은 가구와 연장 등을 들어내 옮기고 있었다. 호기심 가득한 군중이 언덕 위로 몰려왔지만 경찰력은 아직 조직되지 않았다. 하지만 길은 벌써 차단되어 있었다. 불길이 가구 제조 구역을 집어삼키며 양쪽 측면에 선 상점들을 침범하려 했다. 길에 인접한 상점들은 이미 비었고, 상점 안에 있던 물건들도 화마를 피해 멀리 창고 안에 혹은 가구창고로 변한 모스크 안에 옮겨가 있었다. 상점 주인들은 친구들과 쭈그리고 앉아 담배를 피우며 화마가 물러가기만을 기다렸다.

불은 세 지점에서 동시에 났다. 우선 국방부 근처 정부 건물에서, 그리고 발리데모스크에 인접한 구역, 마지막으로 샤 자데 모스크 근처, 터키적인 정취가 강하게 풍기며 수공업자 수천 명이 모여 있고 상점들이 온통 나무로 지어진 그 거리에서. 이 세 지점이 거대한 삼각형을 이루었다. 세 지점은 급히 봉쇄되었지만, 바람이 불길을 밀어내 한쪽으로는 술탄 메메드 모스크와 바다까지, 다른 한쪽으로는 예니 카미까지, 총면적

200만 제곱미터에 이르는 사다리꼴 지역이 불타버렸다! …
우리는 밤이 깊도록 술탄베야지트광장에 있었다. 세 화재지점은
불길이 번지면서 가운데 지점을 향해 거리를 좁혀왔고, 바람의
방향이 바뀌어 중앙시장을 두려움에 떨게 했다. 시장이 불타면
끔찍한 폐허가 될 터였다. 상인들이 한 명씩 도착했다. 그들은
상점에 불을 밝히고 물건을 상점 밖으로 옮겼다. 짐꾼들이
기마경찰의 인도를 받으며 도착한 뒤 내놓은 물건을 모두
실어 갔다. 짐을 너무 많이 실은 수레들이 태연한 황소나 흥분해서
뒷발로 일어서는 말에 끌려 지나갔다. 옆에 있던 사람들이
몇 번이나 마차에 깔릴 뻔했다.

 불길은 길 양쪽을 물어뜯으며 앞으로 나아갔고, 상점은
차례로 비었다. 수공업자들도 계속 집기를 들어냈다. 어떤 사람은
널찍한 거울을 옮겼고, 저쪽 세 사람은 내의류가 가득 담긴
수납장을 운반해 갔다. 가구 제조업자로 보이는 또 다른 사람은
자기 작업대를 옮기고 있었는데, 그 아들들이 널빤지를 들고
뒤따랐다. 베일을 드리운 여자들이 울먹이면서 재잘거리는
어린아이들의 손을 잡아끌며 천천히 도망쳤다. 불길이 번진
어느 집에서 사람들이 벌써 관 속에 안치된 죽은 사람 한 명을
끌어냈다. 남자 여섯 명이 뛰어와 몸을 굽히고는 관을 군중 속으로

실어 갔다. 그 사람을, 그 낯모르는 시체를 대체 어디에 데려다 놓으려는 걸까?

　호기심 가득한 군중이 길을 조용히 메운 채 그 광경을 지켜보았다. 군중은 화마의 공격을 받고 살림살이를 구해내려는 불쌍한 사람들을 연민 어린 눈으로 조용히 바라보기만 할 뿐, 직접 나서서 도움을 주거나 자비로운 행동을 하지는 않았다. 길고 검은 비단옷을 입고 하얀 터번을 두른 채 심각한 표정으로 보기만 할 뿐이었다. 광장에는 임시 카페가 넘쳐나고 나무들이 하늘을 날아다니는 숯가루와 불똥으로부터 사람들을 간신히 보호했다. 상인들이 거리로 나와 레모네이드, 시럽, 과일을 팔았다. 마치 연극 공연의 막간 휴식 시간 같았다. 성대하고 놀라운 장면으로 구성되긴 하지만, 내용을 모두 알고 있어서 관객들이 무덤덤하게 별로 흥미를 갖지 않는 연극 말이다. 왜냐하면 스탐불은 수 세기 전부터 그런 화재를 겪어왔기 때문이다. 수평선 위의 하늘이 점점 어두워지더니 에메랄드빛이 되었고, 조금 후에는 청록색 파도에 잠긴 진한 청금석 빛깔이 되었다. 바야지트 모스크의 첨탑과 돔 지붕이 휘황찬란한 위엄과 통일감을 보이며 비할 데 없이 장엄하게 솟아 있었다. 거대한 황금빛 연기구름 아래에, 불길에 휩싸인 풍경 너머에, 지나치게 오래 달군 쇠처럼 하얀 다른 첨탑들이 이따금씩 보였다. 뜨거운 숯가루가 미친 듯이 춤을 추며 수백 미터 멀리로 황폐함을 실어 갔다. 그러나 공포심조차 느낄 수 없었다. 두려움에 경련을 일으키는 사람도 없었고 신음도 들리지 않았다. 짐을 지나치게 많이 실은 짐꾼들이 중얼거리는 욕설 말고는 외침조차 들리지 않았다. 주먹을 불끈 쥐고 하늘을 향해 저주하는 사람도 없었다. 사람들은 그 어마어마한 아름다움에 사로잡혀 있었다. 그것은 장엄함에 대한 강박관념 같은 것이었다. 사람들은 황금빛 불기둥에 정신을 빼앗겼고, 악마적인 아름다움에 대한 당혹스러운 열정을 가라앉히려고 애썼다. 그러면서도 눈으로는 연신 아름다운 광경을 찾아 헤맸다. 우리는 돔 지붕과 첨탑의 환상적인 아름다움에 대해 수다를 떨었고, 마침내 우리가 꿈꾸었던 장엄하고 마술적인 콘스탄티노플의 한 부분을 찾아냈다. 위풍당당하고 비잔틴적인 열광과 운명론, 쾌락주의가 서로 섞여 들었다. 사람들이 다른 지점으로 눈길을 돌렸다. 그곳에서는 화려한 불길을 배경으로 검은 원반 모양의 돔 지붕과 오벨리스크 탑의 진지한 자태가 대비를 이루고 있었다. 사람들은 조각상 주위를 돌듯 거대한 화염 덩어리 주변을 맴돌았다. 마치 그림을 감상할 때처럼 더 잘 보이는 지점을 찾아

불똥이 분출하는 곳 앞에 버티고 섰다. 천문학자라면 숯덩이와 불똥이 날리는 세 개의 연기 기둥에서 환상적인 은하수를 볼 수도 있을 것이다. 그것은 환희의 도가니일 것이다! 얼마나 즐거운 일인가!

우리는 천천히 골든혼 방향으로 다시 내려갔고, 다리 위에서 자줏빛과 금빛을 띤 거대한 모스크들의 장엄한 모습을 보고 경탄했다. 그 모습은 우리가 낮에 햇빛 아래서 보았던 것보다 훨씬 더 대단했고, 더 환상적이었고, 더 열광적이었다. 우리는 추모광장으로 다시 올라갔다. 거기에 고독한 갈색 모래 속에 마지막 무덤들이 드러나 있었다. 우리 숙소의 테라스에서 그 광경을 한꺼번에 볼 수 있었다. 이번에는 골든혼에 불길이 솟았다.(보기 흉하고 언제나 무기력한!) 골든혼의 바다는 마치 녹은 쇳물 같았다. 한편으로는 스탐불을 보호하는 검은 장막 같기도 했다. 낮에 보았던 마르마라 해와 끝없이 펼쳐진 아시아 쪽 산봉우리들, 빽빽이 솟은 집들이 이제는 거대한 순교의 불기둥으로 변해 있었다. 슐레이만모스크와 샤 자데 모스크의 날카롭고 검은 첨탑들이 불기둥을 뚫고 솟아 있었다. 왼쪽의 바야지트 모스크와 오른쪽의 술탄 메메드 모스크는 불길의 뜨거운 애무를 받아 백대리석이 되었다. 첨탑들이 하늘 높은 곳에서 하얗고 신비로운 모습으로 사라져갔다.
그 첨탑들은 오래도록 기억될 제단의 두 축이다. … 그리고
2,000미터 이상의 거리를 두고 떨어져 있다! 발렌스 수도교가
그것들을 이어주려는 것처럼 보였다. 배의 현창처럼 수도교에
뚫린 아치형 구멍을 통해 불길이 격렬하게 빠져나올 터였다.

    새벽 1시가 되었다. 바람이 불길을 더욱 멀리 밀어댔다.
거대한 불꽃은 육중하게 부풀었다가 스러져갔다. 우리는
이해력을 넘어서는 광경 앞에서 엄청난 침울함에 사로잡혀
멍청하게 있었다. 광란에 휩싸여 마구 날뛰는 그 용龍을 우리는
불안한 마음으로 바라보았고, 끝도 없이 이렇게 되뇌었다.

    "정말이지 소름 끼치는 광경이야, 참으로 끔찍해! …"

**혼란스러운 추억들,
귀환과 회한……**

이제 끝이 났다. 그러나 나는 아무것도 이야기하지 않은 것이나 마찬가지다! 터키 사람의 삶에 대해 단 한마디도 이야기하지 못했기 때문이다! 그것을 모두 이야기하자면 책 한 권 분량은 족히 될 것이다. 우리가 보낸 빈약한 일곱 주는 터키 사람들의 삶을 엿보기에 충분하지 않았다. 그래서 나는 그 점에 대해 입을 다문 것이다. 그러니 내가 쓴 이 글의 행간에 많은 것이 빠져 있음을 감안하시라. 스탐불에 대해 이야기하면서 그곳 사람들의 삶에 관한 이야기를 빠뜨린다면, 그것은 영혼을 빼먹고 이야기하지 않는 것이나 마찬가지다. 그들의 삶에 관해 여러분에게 이야기하면, 스탐불을 폐허로 만들어버린 불가피했던 그 파국에 대해서도 이야기할 수 있을 것이다. 젊은 터키의 도래 말이다. 나는 거기서 콘스탄티노플의 황혼을 보았다.

    이 장은 망각을 회복하기 위한 어수선한 기록이며, 과거로의 귀환과 회한을 담고 있다.

가톨릭교회는 인간의 구원을 위해 죽인 이를 기린다!
오래되고 어두운 그림들이 방랑하는 몽상가의 영혼을 건드린다.
경건한 성상벽聖像壁에는 십자가에 매달린 그리스도상과
현성용顯聖容*, 발현*을 표현한 그림이 걸려 있다. 그림 한가운데
하늘이 불타오르고, 천사가 떨고 있는 한 처녀에게 장차 있을
인류의 구원을 이야기한다. 바로 부쿠레슈티 교구 대주교
성당에 있는 그림 〈천국〉이다.

나는 '존엄한*' 내 친구가 한 말을 때때로 인용했다. 그의
이름을 특별히 밝히지 않은 적도 많지만 말이다. 이 대목에서
그의 프로필을 한번 그려보겠다.

그 친구는 전형적인 플랑드르 사람이다. 그러나 현대적인
파리 스타일에 열광한다. 그가 속한 인종의 언어적 특성 때문에
'b'를 마치 'p'처럼 매우 강하게 발음한다. 정신적으로는
귀족적이다. 그것을 증명하는 예가 몇 가지 있다. 이를테면
그는 감히 요르단스*와 브라우어르*, 반 오스타데* 같은 화가들을
사랑한다. 그는 말했다. "그 화가들은 최고야! 마음껏 먹고
마시고 웃거든!" 한때 우리가 몹시 곤궁한 상황에 처하여
검은 빵으로 끼니를 때우던 시기에, 그는 시가를 사러 몰래

거리 모퉁이에 다녀오곤 했다. 또 그는 커피잔이나 맥주잔에 물을 따라 마시는 것을 끔찍하게 싫어한다! 재미있는 일화는 이외에도 또 있다! 우리가 벤치에서 밤을 보낼 때의 일이었다. 그가 갑자기 잠에서 깨어나 몸을 일으켰다. 아직 잠이 덜 깼는지 멍한 표정으로 눈을 이리저리 굴렸다. 그렇게 꽤 오랜 시간이 지난 후, 마침내 정신을 차리고 순진하게 말했다. "우리 맥주 한잔하면 어떨까!" 벤치 밑에 맥주 통이라도 숨겨놓은 것처럼 말이다! 재미있는 일화 또 하나. 페라에서 있었던 일인데, 그의 침대에 빈대가 있었다. 그는 새벽 세 시에 초를 켜고 빈대사냥을 시작했다. 잔뜩 흥분한 표정으로 빈대를 잡아내더니 손톱 밑에 모았다.(미술사가이자 이론가로서 그런 일에도 솜씨가 좋았던 것이다!) 그런 다음 빈대를 대리석 탁자에 대고 눌러 죽였다. 빈대를 깃털 펜에 꿰어 굽기도 했다. 빈대 사체는 뜨거운 기름 덩어리 속에 잠겼고, 다음날 보니 터키식 누가*가 되어 있었다. 오귀스트는 진땀을 흘렸고, 학살은 완수되었다. 오귀스트는 결론 삼아 이렇게만 말했다.

"자! 이제 담배 한 대 피워야겠군!"

그러고는 엄마 젖을 문 아기처럼 다시 잠이 들었다. 성공리에 끝난 학살에 기분 좋아하고 담배 연기에 행복해하며! 또 그는

감탄스러울 만큼 허풍쟁이다. 그의 기발한 상상력은 눈에
두드러지는 몸짓을 통해 밖으로 드러난다. 이와 관련된 일화를
소개하겠다. 그는 외국이라고는 카이로밖에 가보지 못한
보날 신부의 조카에게 우리나라에서는 겨울에 눈이 20미터나
쌓인다고 허풍을 떨었고, 결국 그 말을 믿게 만들었다.
20미터라니! 보날 신부의 조카는 그 말에 깜짝 놀라 감기까지
걸렸다! 오귀스트는 그에게 이런 이야기까지 했다. "그런데
피렌체 사람들은 절대 미역을 감지 않아요! 예전에 내가
피렌체에 있을 때 장난 좀 치려고 베키오 다리 바로 밑에서
미역을 감았거든요. 그랬더니 사람들이 구름같이 모여들어서
다리 난간 밑으로 몸을 숙이고 나를 내려다보는 거예요. 나는
사람들을 기절초풍시키려고 홀딱 벗은 채 강물 한가운데서
담배에 불을 붙였지요! …"

겉모습으로 말하자면 오귀스트는 마치 고행자 같다. 한낮에
페라에서 방을 구할 때, 그는 바구니 속에 담긴 물고기처럼
고개를 주억거리며 '가구 딸린 방'이라는 안내문을 곁눈질했다.
그는 졸음에 겨운 고양이처럼, 물 마시는 암소처럼 느리고
진지하게 음식을 먹는다. 요르단스, 브로우베르 만세!
오귀스트, 너를 고발하는 이 짧은 대목은 편집자가 지워주기를!

헝가리-발라키아 교구의 전前 대주교, 그 고장에서 어떤 의미로는 교황 못지않은 분인 게나디에 예하*를 알현하고 함께 저녁 식사를 한 적이 있다. 그분은 식사 전에 기도를 올리지 않았다. 그분은 예술에 대해, 정치, 사회, 경제에 대해 폭넓게 이야기하면서 가능하면 우리를 즐겁게 맞이하려고 애썼다. 그분의 얼굴은 루벤스의 그림에 나오는 멋진 판* 같았다. 식탁에는 국화가 아름답게 꽂혀 있었다. 그날 우리는 내무장관의 자동차를 타고 부쿠레슈티의 수도원들을 유람했다. 그때는 하루하루가 새로웠다!

어느 날 저녁 식사를 마친 후, 우리는 부쿠레슈티의 철학에 대해 토론했다. 오귀스트와 나는 종교로서 개신교가 인간 내면의 깊은 곳을 채워주는 관능성이 부족하다는 데 의견의 일치를 보았다. 관능성은 스스로 인식하기는 어렵지만 분명 인간을 구성하는 한 요소이며 어쩌면 가장 기본적인 본성일 것이다. 관능성은 이성을 도취시키고 이성의 지배력을 벗어난다. 그것은 잠재된 기쁨의 근원이며 생기 있는 삶의 원천이다. 롱사르*는 가톨릭을 찬양했는데, 그 이유는 가톨릭에서 인간의 근본을 발견했기 때문이다. 혹여 그가 가톨릭 신앙을 버렸다 해도, 다른 종교를 믿기 위해서는 절대 아니었을 것이다.

그는 '자연의 법칙을 행복하게 따르는' 야생의 삶으로 돌아갈 것이다. 어쩌면 우리는 서투르고 경직된 도덕에 상처 입은 사람들인지도 모른다. …

페라에서 동방정교회의 장례 행렬을 본 적이 있다. 사람들이 시신을 그대로 노출시켜 운반하는 것을 보았을 때 나는 화가 나고 혐오감을 느꼈다. 시신 위에 파리가 날아다녔고, 창백하고 역겨운 시신의 모습이 햇빛에 그대로 드러났다. 왜 그런 끔찍한 모습을 굳이 보여주는 걸까? 그 모습을 보고 모두 마지막 때가 다가오리라는 사실을 상기하라고 그러는 것인가? 아니다. 오히려 죽음을 통해 선한 삶을 설교해야 하는 것 아닌가? 지상의 복을 누리며 선하고 조화롭게 살라고 말해야 하는 것 아닌가? 내 생각에는 이것이 바로 우리가 해야 할 일 같다. 그 외에 다른 일은 우리와 관계가 없다. '그것'이 다가오면 그저 항복해야 한다. 왜냐하면 그것은 매우 강력하기 때문이다. 그러나 떠나기 전에 적어도 우리는 뭔가를 준비해야 한다. 출발을 위해 더 열심히 살아야 한다! …

지금부터 모순되는 말을 하겠다. 혹은 내가 했던 말을 보완하겠다. 시골의 예술은 도시의 예술에서 유래한다. 시골 예술은 도시 예술의 특별한 형태다. 그것은 잡종이지만 아름답고, 언제나 흥미로운 특성을 지닌다. 어쨌든 강력한 영향력을 지닌다. 원시 예술은 선구적이다. 시골의 예술가들은 창조 행위를 할 때 다행스럽게도 야성을 사용한다. 그러나 그들은 취향이 세련되지 못하고 오만하고 게을러서, 도시에서 표현과 언어를 훔쳐다 사용한다. 순진하고 무의식적인 태도로 그것을 복제한다! 자기도 모르게, 자기 의사에 반해서 자연스러운 힘이 솟아난다. 기이한 일이지만 시골 예술은 이런 서투름과 어색함 때문에 가치가 있다. 서투름과 어색함이 우리 도시 사람들의 눈에는 아름답고 세련되게 보이는 것이다. 루마니아 평원의 시골집을 보라. 집들은 눈부시고, 놀랄 만큼 광채를 발한다. 초벽은 하얗고, 받침돌은 강렬한 파란색이다. 색을 칠하거나 돋을새김을 한 모퉁이는 장식기둥 역할을 한다. 박공벽은 멋진 파란색이나 산뜻한 노란색으로 칠해져 있다. 고전적이지만 조금 변형된 건축 양식이다. 기둥 밑에는 받침대가 없고, 위에는 엔태블러처*가 없다. 기둥머리(꽃과 장식이 있는)는 이 건축 양식의 목표이자 결과다. 왜냐하면 이곳의 언어가 도시적인 반면(병적인 부르주아 정신 때문에), 영혼, 욕망, 손길은 야생의 법칙을 따르기 때문이다. 그들은 매년 어느 봄날이 되면 격렬하게 벽을 칠한다. 그러면서 다채롭고 즐거운 축제를 즐긴다. 그들에게 집은 자신만의 개성을 나타내야 하고, 궁전처럼 화려해야 한다. 그래서 이 야생의 사람들이 찬란한 색깔로 자기 자신을 장식하고 주위를 아름답게 꾸미는 것이다.

그렇다고 도시가 시골의 모습으로 되돌아가야 한다는 뜻은 아니다. 그것은 치료한답시고 약을 써서 병을 더 악화시키는 꼴이다. 도시는 자기 나름의 길을 추구하고, 자기 나름의 방식으로 변모해야 한다. 그 방법밖에 없다. 섣불리 다르게 행동하면 안 될 것이다.

발칸산맥에서 사용하는 랑도 마차*를 비롯해 교통수단 일체에 관해서 말하겠다. 우리는 시프카 마을에 딱 하나뿐인 이륜마차를 타고 2시간 동안 덜거덕거리며 길을 간 끝에 카잔루크에 도착했다. 그리고 치아가 모두 내려앉은 것을 깨달았다. 마부에게 소송이라도 걸려고 했지만, 우리(우리라기보다는 우리의 엉덩이뼈)가 앉았던 마차 좌석에 구멍이 네 개나 뚫린 것을 보니 할 말이 없었다. 우리는 상황을 이리저리 고려한 뒤 마부와 악수하고, 자비롭게도 용수철이라도 새로 사라고 4수를 건네주었다! 오귀스트는 터르노보의 이발사가 자기 이를 뽑아준 일을 두려워하면서 떠올렸다. 이번에는 고통도 없이 그렇게 되었다면서.

거리의 민중도, 고결한 식견을 지닌 최상류층 사람들도 거리에서 작업하는 화가를 신문 가판대나 관상함 같은 공공 건축물 정도로 여긴다. 사람들은 거리를 오가면서 그들을 구경한다. 그림에 대해 진지한 성찰을 하지 않는 어리석고 경솔한 군중의 존재가 그들은 매우 고약하게 느껴질 것이다. 그러니 그들의 캔버스를 가로막는 일을 삼가야 할 것이다. 그러면 그들은 매우 행복해할 것이다!

여행자는 모름지기 친구들에게 엽서나 편지를 써야 한다. 여러분이 출발할 때 친구들은 여러분에게 흡사 명령조로 이렇게 외쳤을 것이다. "아, 사진과 장식품도 가져올 거지!" 여러분은 진땀을 흘려가며 그들에게 편지를 써 보낸다. 하지만 그들은 여러분을 배신할 것이다. 심지어 그들은 여러분을 질투하여 답장을 보내지 않을 것이다. 그러므로 답장을 결코 받지 못할 것이다. 하긴 여러분이 여행 중이라 주소가 자주 변하기 때문에 그들이 여러분의 주소를 모르는 것도 당연하다. 그렇지 않은가? 혹은 답장이 도중에 분실되거나 너무 늦게 혹은 너무 일찍 도착할 수도 있다. … 오, 사랑하는 친구들이여! 몹시도 분주한 친구들이여!

『베데커』에서 재미있게 읽은 한 대목을 소개하겠다. "모자이크박물관 오른쪽 벽에는 앵무새들이 있고, 물고기

모자이크 위의 기둥에는 들고양이와 자고새 한 마리가 있다.
흡사 철학자 일곱 명이 모임을 여는 형국이다. …"

아크로폴리스의 찬란한 대리석 산지인 펜텔리콘산le Pentélique에
대해서는 이렇게 언급했다. "삼각법의 원리를 보여주는
산꼭대기는 아테네 여신의 조각상이 고대풍으로 장식되어 있다."
마지막으로 콘스탄티노플에 대해서는 다음과 같이 언급했다.

"지금 물건을 보관하는 역 창고 자리에 과거에는 비너스 사원이
있었다. …"

태초에 석기 시대, 청동기 시대, 철기 시대가 있었다. 그리고
페리클레스의 시대가 있었다. 그때로부터 2,300년이 지난
오늘날 석유통의 시대가 동유럽 전체를 뒤덮고 문명과 장식미술의
새로운 시대를 알린다. 그전까지 동방 사람들은 매우 고전적인
형태에 양쪽에 손잡이가 달린 붉은 항아리를 사용했기 때문이다.
때때로 여자들은 성서에 나오는 에스더와 같은 자태로 샘에서
물을 길어온다. 하지만 이제 그런 여자들은 매우 드물고, 대신
나무 손잡이가 달린 10리터들이 양철통이 과거의 도자기 예술을
종말로 치닫게 한다. 물론 양철은 잘 깨지지 않는다. 이곳 사람들은
황혼이 내리는 오아시스에서 시적 몽상을 멈추지 않는다!

앞으로 2,000년 후에는 3미터 깊이의 부식토와 잔해 속에서

수없이 많은 물건이 출토될 것이다. 고풍스러운 도자기가 아니라 바투미*의 석유로 만든 것으로 추정되는 물건들 말이다. 사람들은 또한 히포드롬 밑에서 황금빛 조개껍데기 장식이 달린 독일산 유리 제품이나 레코드판을 발견할 것이다. 다른 한편으로 말하면, 폼페이에서 '황금빛 사랑의 집'을 발굴한 사람들의 후예들은 우리 북유럽 집들의 벽 사이에서 베네치아에서 만들어진 등받이와 팔걸이가 없는 터키식 나무 의자를 발견하지 못할 것이다. 왜냐하면 그것들은 인조 석조 계단 밑 골방 안에 숨겨져 있기 때문이다. 그 계단은 푸예렐 산의 화산암을 그대로 가져다가 만든 것인데, 계단 난간에서 등불을 들고 있는 흑인 노예상도 그대로 보존될 것이다.[2]

터키 격언 중에 '집이 없는 곳에는 무덤이 있다'는 격언이 있다. 땅에는 산 사람이든 죽은 사람이든 아무튼 사람이 산다는 말이다. 터키라는 나라는 하나의 사막과 같다. 사람들은 거기에 집을 짓고 나무를 심는다. 우리들의 나라는 동방에 비교하면 천국이다. 그런데도 우리는 건물을 짓기 위해 나무를 베어버린다. 스탐불이 과수원이라면 라쇼드퐁은 자갈이 깔린 배수용 우물이다.

유럽 담수에서 터키 젊은이들을 만났다. 그들은 작은 범선에

축음기를 가져다 음악을 틀어놓고 파도 소리와 축음기의
나팔에서 나오는 날카로운 소리에 맞춰 몸을 흔들었다.
파리 교외에 사는 부르주아들도 그런 세련된 여흥을 즐기지는
못할 것이다. 플라타너스 아래 자리한 어느 카페에서, 한 노신사가
백파이프를 끝없이 연주했다. 몇 시간 동안 똑같은 선율이었다.
마치 그들 종족이 가진 끈질긴 인내심을 상징하는 것 같다.
그 노신사는 곧 죽을 것이고, 그러고 나면 아무도 그를 대신하지
못할 것이다. 프랑스산 축음기가 이미 승리를 쟁취하며 동방의
문지방을 넘어버렸으니 말이다.

스탐불도 최후를 맞이할 것이다. 항상 화재가 나고 건물을
다시 지으니 말이다. 몇 년 전에 황폐화된 발렌스 수도교 구역이
어느 '회사'(스탐불에서 이 단어는 특별한 의미가 있다!), 그것도
독일 회사에 의해 재건되는 것을 나는 보았다.(나는 연어 빛깔
벽 사이에 초록빛 잎사귀가 무성히 우거진 스탐불의 거리에 대해
여러분에게 말한 적이 있다. 이 두 색깔의 조합도 전율할 만하다!)

나는 지난번 신문 칼럼에서 스탐불에 일어난 재앙에 대해
여러분에게 이야기할 기회를 가졌다. 하지만 여러분이
그 칼럼을 읽지 않았다면 그냥 지나가시라! 되풀이해 말하겠다.
터키 사람들은 황혼이 내린 오아시스에서 멈추지 않고 꿈을 꾼다.

그리고 다시 길을 간다. … 터키의 목조 주택 '코나크°'는
걸작이라 할 만한 건축물이다. …(테오필 고티에는 자기 책에
그것이 닭장 같다고 여러 번 썼지만.) 그러나 예술의 교리는
성부의 그것처럼 불변하는 법이다! '콜레라와 카르푸스 그리고
페포니드의 위기.' 이것은 주제가 빈곤한 사회경제학자의
논문 제목으로 적합할 것이다. 카르푸스는 동그랗고 반들반들하며
진한 초록색인 터키 멜론 이름이다. 속살은 꼭두서니처럼 붉고,
검은 씨가 박혀 있다. 페포니드도 멜론의 일종인데, 가로가
세로보다 길고 매우 반들거리며, 겉은 밝은 노란색이고 안은
붉은색이다. 카르푸스보다 향이 훨씬 더 강하다. 이런 과일은
둘 다 설사를 유발한다. 그러나 터키 사람들은 그것을
원기 왕성하게 소화한다 터키 사람들은 하렘의 여인들과
이 과일을 끼고 산다. 그중에서도 과일을 매우 좋아한다.
아침에 골든혼에 가보면 노란 페포니드와 초록색 카르푸스를
실은 배가 수십 척씩 도착한다. 언젠가 터키에 콜레라가
창궐하여 백 명의 터키 사람, 그리스 사람, 아르메니아 사람 혹은
몰타 사람이 만 하루 동안 모두 감염된 적이 있다. 확산 속도가
엄청나 그린란드 사람들까지 벌벌 떨 정도였다.

    그러자 나라에서 카르푸스와 페포니드 섭취를 금했다!

그래서 무슨 일이 일어났냐고? 내가 어떻게 알겠는가? 아테네로 도망쳐버렸는데!

그해 8월 17일, 《라 푀유 다비》 편집자는 자기 집에 빨랫감이 잔뜩 널려 있어서 내심 걱정스러웠는지 18일 자 신문에 실린 빈 꽃축제에 관한 내 글의 한 부분을 "갖가지 색깔의 빨랫감linge이 넘쳐흘렀다."라고 잘못 표기했다. 사실 내가 하고자 한 말은 "갖가지 색깔의 호사스러움luxe이 넘쳐흘렀다."였다. '빨랫감'은 5월의 어느 화창한 날 산책로를 즐겁게 산책하는 마리 테레즈나 마리 앙투아네트 같은 귀부인들과는 정말이지 어울리지 않는다!

이 일을 떠올리니 다시 심각해진다.

"관광객들과 마주치는 것은 고통스러운 일이다!"

어느 날 나는 내 여행 수첩에 이렇게 기록했다. 관광객들은 떼로 몰려다니며 속물스러운 행동을 일삼는다. 평소에 지내던 환경 밖으로 나오면 격에 맞지 않는 행동을 쉽게 하는 법이다. 사람들은 관광객들을 바라본다. 아니, 그들의 소리를 듣는다. 그들은 갖가지 명소 이름을 큰 소리로 떠벌리며, 요란한 발소리를 내며 여기저기 성큼성큼 돌아다니기 때문이다. … 그들은 예술 작품을 보고 경탄하지만 예술가에 대해 성찰하는 법은 없다.

'인조 보석과 금도금 장식품' 앞에서 그들은 강렬하게

몸을 떤다. 그 솜씨에 황홀해한다. "정말 멋지군!" "로마인들이 작업한 거야!" "모두 손으로 만든 거야!" 재료에 대해서도 언급한다. "이건 그림이 아니라 모자이크야!" 그러고는 이렇게 결론짓는다. "세상에! 이건 값을 비싸게 받아야겠군!" 그런 다음 이렇게 말하며 떠나간다. "그래, 정말 아름다워!" 벼락출세한 상식 없는 사람들은 금칠한 골동품을 보면 이성을 잃고 어쩔 줄을 모른다. 그것을 합리적으로 평가할 생각은 하지 못한다. 사람들은 평가 기준을 잃었다. 잡다한 이론은 그들을 더욱 얼빠지게 만든다. 이런저런 이론을 들먹이지만, 그것은 계몽과 배설이 절묘하게 결합된 행위일 뿐이다. 그것만으로도 모자라 이 순박하고 고귀한 고장까지 찾아와 고결하고 순수한 예술과 질박한 영혼들에게 해로운 타락의 씨앗을 뿌린다. 이 고장 사람들은 건강미와 자연미가 넘치는 예술품을 갖고 있다. 그러나 길에서 만난 이방인들이 내게서 희망을 빼앗아 갔고, 나는 처음부터 다시 시작하는 마음으로 이제는 꽤 멀어져 버렸지만 귀중한 것을 알고 있는 사람들에게 희망을 걸어보기로 했다. 너무 민감하게 반응할 필요는 없다고 나는 생각하기 때문이다. 정화는 생명을 구성하는 필수요소이고, 우리는 살고자 하는 강렬하고 단순한 욕망으로 죽음을 피한다. 그러므로 이 시대가 요구하는

건강함으로, 우리가 맞이한 우발적인 사태에 꼭 들어맞는
건강함으로 아름다움으로 돌아갈 것이다. 그러면 세상 사람들은
진실 앞에 서게 될 것이다. 눈에서 비늘이 떨어질 것이다.
약육강식의 법칙이 지배하는 자연의 선택을 받은 자들만
살아남고[3], 젊고 활기찬 세포가 암세포를 물리칠 것이다. 우리는
죽음에 맞설 것이다.

그러나 세상은 여전히 혼란스럽고, 빗나간 열정은 돌이킬 수
없다. 콘스탄티노플에서 오는 길이라는 어느 프랑스인 부부를
불가리아에서 만났는데, 남자가 황홀한 어조로 나에게 말했다.

"아, 그래요. 참 재미있었어요. 하지만 길이 너무 더러운 것은
참 안타까워요."

그러자 여자가 급히 고쳐 말했다.

"아니에요, 나는 그래서 거기가 멋지다고 생각하는걸요!"

두 사람 다 거기서 보낸 보름이라는 시간이 매우
황홀했다고 결론을 내렸다. 아무런 정보도 없었던 우리는
어느 불가리아인에게 필리포폴리스*나 아드리아노플에서
무엇을 보는 게 좋겠느냐고 물었다.

"필리포폴리스 말입니까? 현대적인 도시죠. 쭉 뻗은 넓은
도로가 있고, 아주 깨끗합니다! 하지만 아드리아노플은

터키 도시답게 더럽답니다!"

우리는 아드리아노플로 갔다. 그리고 미래의 예술이라는 관점에서는 그 불가리아인의 판단도 일리가 있다고 생각했다. 콘스탄티노플에서 만난, 수년 전부터 카이로에서 병원을 하고 있다는 그리스인 치과의사는 이렇게 말했다.

"카이로요? 카이로는 여기보다 100배는 더 아름답지요! 확실히 그렇습니다. 왜냐하면 거기에는 영국인들이 살거든요! 한번 가보세요. 마치 유럽 같은 도시입니다. 거기 가보면 즐거울 거예요. 아스팔트가 깔린 도로가 있고, 전차도 있고, 여기 호텔보다 50배, 100배 더 큰 호텔도 있어요. 아, 헬리오폴리스에 가는 걸 빠뜨리면 안 됩니다. 거기에는 새로 지은 집들이 많거든요."

얼이 빠져버린 나는 하얀 건축물, 무샤라비*, 울긋불긋 장식된 첨탑에 대해 이야기했다. 그러자 그가 대답했다.

"그래요, 압니다. 하지만 카이로는 그런 곳이 아니에요!"

그가 피라미드는 알고 있는 것이 다행이었다.

1 다양한 언어로 인쇄된 여행안내서.

2 이 인조 석조 계단은 콘크리트로 만든 것으로 나중에 밝혀졌다.
  푸예렐 산은 쥐라기에 형성된 산이다. 그런데 쥐라기에 형성된 산에는
  석유 때문에 화산암이 없다. 계단이 시작되는 부분에 놓인,
  등불을 든 흑인 노예상은 베네치아에서 대량으로 제작된 물건으로
  신혼여행을 갔을 때 이탈리아에서 가져온 것이다.

3 자연과학에 대한 지식과 예술에 대한 취향이 확립된 것은
  불과 60년 전이다. 진부한 '모조품'은 사진술의 확산과 함께
  더욱 가치를 잃었다. 이제는 진정으로 혁명적인 예술이 요구된다!

아토스산

절충주의는 염려스럽게도 날이 갈수록 우리를 노년의 관용에
기울게 하고 시대착오에 빠뜨린다. 머릿속에 시대에 뒤떨어진
잡동사니 같은 생각만 가득 차 있다면 얼마나 한심한 일이겠는가.
그러나 방심한 사이에 실질적이고 구태의연한 생각만 우리의
머릿속을 차지하고, 우리는 롯*의 아내처럼 뒤를 돌아보았다는
이유로 무력함과 나약함을 느낀다. 나도 때때로 극심한
부끄러움과 나 자신에 대한 경멸을 느꼈다. 그러나 비행사는
높은 하늘을 새처럼 날려다 목숨을 잃고, 새로운 기술로 무장한
여객선은 대양을 몇 시간 더 빨리 건너려다 바다에서 조난을
당한다. 앞으로 나아가기 위해 산에 터널을 뚫기도 한다.

바흐와 헨델의 음악이 주를 이룬 콘서트 말미에 프랑크*의
〈오르간을 위한 피날레〉가 울려 퍼졌다! 비명, 헐떡임,
성큼성큼 걷는 발소리, 앞을 가로막던 장애물이 엎어지고
눈부신 빛이 보인다! 존재하는 모든 것이 넘어지고, 다시

태어나고, 몸을 일으킨다. 그리고 우리의 이마에 자부심이
뜨겁게 달아올랐다.

    오, 아토스! 절멸 서원을 하고 헌신하다 죽어간 많은 사람이
거기에 묻혀 있다. 가슴 아픈 깊은 상처도 있다. 그렇다, 그곳에
가는 사람들은 두 주먹을 힘 있게 쥐고 마음을 다잡아야 한다.
졸듯이 느릿하게 기도문을 읊조리는 정도로는 안 된다. 고대풍의
미소를 지으며 마음을 다잡고 무덤의 포석을 향해 나아가기
위해서는 트라피스트 수도사*의 위대한 소명인 침묵을 지키며
자기 자신과의 초인적 싸움을 시작해야 한다!

우리가 다프니*의 작은 항구에 상륙한 첫날 저녁, 나는
시간이 멈춰버린 섬에 온 느낌을 받았다. 유적은 모두 한 편의
시와 같았고, 지나간 과거에 경배를 바치는 것 같았다. 그렇다고
목가적이기만 한 것은 아니었다. 침묵과 평정이 가득하고
퍽 성스럽기도 했다. 바다에서 사흘을 지내다 보니, 머릿속을
맴도는 잡다한 생각과 몽상, 앞으로 창작하고자 하는
작품에 대한 구상이 마구 뒤섞여 불안정하게 요동쳤다. 그것은
단순한 몽상이라기보다는 하나의 희망이었다. 또한 다양하고

극단적이어서, 어떤 때는 씩씩하다가도 갑자기 침울한 무력감에
빠지기도 했다. 이슬람의 하늘 밑, 축복받은 그 고요한 땅을
지날 때는 수많은 감회가 솟아올라 식탁에 마음 놓고 앉아
식사도 할 수 없을 지경이었다. 우리는 집시처럼 뱃머리에
자리를 잡고 앉아 차가운 초록빛 여명이 정오의 열기에 짓눌리는
광경을 바라보았다. 낮에는 저녁이 오기를 기다리며 갑판에
둘둘 감아놓은 밧줄 꾸러미나 닻 위에 앉아 시간을 보냈다.
그러면 이내 이루 말할 수 없이 풍요로운 황혼이 살아 움직이는
생명체처럼 시시각각 모습을 달리하며 하늘을 수놓았다.
그 모습을 보자 혈관 속의 피가 꿈틀거리며 근육을 마구
후려치는 것 같았다. 한밤중에도 나는 고요한 가운데 귀를
기울이며 하늘의 별들을 바라보았다. 모든 삶의 흔적들이 내는
소리를 듣고 침묵을 즐기기 위해 눈을 크게 뜨고 잠자는 척했다.
그 밤 시간은 나에게 매우 강렬한 행복감을 안겨주었고, 이후
3년 동안 압도적인 추억으로 나에게 남았다.

    나는 '수평'이란 바로 수평선이며, 특히 한낮에 보이는
물체들이 인간의 지각에 완벽한 기준을 제시한다고 생각한다.
사방으로 퍼지는 오후의 햇살 속에서, 아토스산이 갑자기
피라미드 같은 거대한 형체를 드러냈다! 그 산은 오랜 시간 동안

공들여 그려낸 장중한 초상화처럼 해발 2,000미터 높이에서
우리를 굽어보았다.

　가련한 순례자들은 그 이미지에 압도당한 듯 우리 이상으로
불안하게 침묵을 지켰고, 배의 추진기가 움직임을 멈추자 간단한
명령에 따라 질서를 지키며 선교 쪽으로 몰려갔다. 사슬에서
삐걱거리는 소리가 나면서 닻이 물에 잠기자 마침내 모든 것이
정지했다. …

　나는 단어를 사용할 때 내면 깊숙한 곳에 자리 잡은
몇 개의 의미를 상징적으로 표현해야 한다는 강박관념을 갖고
있다. 아마도 직업 탓인 것 같다. 돌이나 골조의 형태를 볼 때도
수직과 수평, 길이, 깊이, 높이보다는 입체감과 충만함, 공간감을
유심히 살핀다. 사물이 가진 이런 감각적 요소는 그 이름 안에
이미 내포되어 있다. 이름이 그것의 의미를 나타내는 것이다.
그 요소들은 절대적이고 강력한 단일성을 가진다. 다시 말해
이름은 그 이름을 가진 대상과 떨어질 수 없는 절대적인 개념이다.
그러므로 이름이 가진 희석되지 않는 의미를 고려해야 한다.
다른 이야기를 덧붙이자면, 나는 노란색, 빨간색, 파란색, 보라색,
초록색의 여러 층으로 이루어진 색깔 말고, 수직과 수평 방향으로
자연스럽게 퍼지는 평화로운 색의 스펙트럼을 착상했다.

그 자연스러운 리듬이 수없이 많은 어휘를 정리해 주었다!
나는 꼼꼼한 조물주가 나에게 하나하나 주입시킨 교양이
퇴색하도록 내버려둘 작정이다. 파르테논신전의 형태와 기둥,
그리고 아키트레이브*를 기억하려면 말로 표현하기보다는
바다 같은 내 욕망으로 충분할 것이다. 이를테면 알프스는
그 자체로서 높이, 심연, 혼돈의 상징이다. 또 성당은 장엄함의
상징일 것이다. 집도 마찬가지다. 수많은 내벽의 이음매를
상상하면 나는 분쇄기 안에서 서로 부딪쳐 부스러지는 돌멩이의
고통을 느낀다.

또한 클로드 모네를 아무리 숭배한다 할지라도 마티스에게
경의를 표할 것이다. 동방 전체가 나에게는 상징으로 가득
차 있다. 그래서인지 나에게 남은 그곳의 추억은 어떻게 보면
마치 날조된 것처럼 보인다. 그곳의 하늘은 파란색일 때가
많았지만 내 기억 속에는 노란색으로 남아 있고, 돌로 된 사원과
벽토, 나무로 지은 가옥은 땅의 빛깔과 똑같은 갈색으로
남아 있다. 이런 정신적 국면으로 인해 나는 여러 나라에서
만들어진 오래된 꽃병의 형태와 정사각형, 원 같은 간단한
기하학적 비례를 연구하게 된다.

이런 단순하면서도 영원한 역학관계를 잘 파악하려면

평생 공부해야 할 것이다. 그러나 아무리 열심히 공부한다 해도 오랜 전통에 따른 탁월한 법칙에 따라 지어진 시골의 오두막집이 지닌 명확한 균형과 조화에는 절대 다다르지 못할 것이다.

다프니에 상륙한 다음 날 저녁, 우리는 노새 등에 비스듬히 올라타고 높은 산비탈을 내려가는 강렬한 경험을 했다. 언덕 너머로 파도가 굽이치는 끝없는 바다가 보였다. 그것은 바다, 산, 성모마리아상 같은 원초적 상징이 한데 어우러진 한판의 잔치였다. 해안에서는 오디나무, 올리브나무, 무화과나무, 포도나무, 커다란 가시덤불, 사시사철 변함없는 호랑가시나무 등 수많은 상징의 나무가 뿜어내는 따뜻한 관능의 향기가 풍겨 저녁나절을 축축하게 도취시켰다. 높이 보이던 평원으로 올라가자 사이프러스가 불시에 우리를 습격했다. 사이프러스 스무 그루가량이 광활하게 펼쳐진 키시로포타무 수도원을 우울한 보초병처럼 지키고 있었다. 태양은 침묵했다. 내가 탄 노새가 걸음을 늦추는 바람에 나는 뒤처져서 늦게 도착했다. 어둠이 내리기 시작했다. 우리는 급격한 비탈길을 한결같은 속도로 올라갔다! 곧이어 건조한 돌담 하나가 비탈길에 비스듬히 보였다. 길은 갑자기 높다란 성벽으로 이어졌다. 성벽 발치에 자라난 사이프러스 몇 그루가 잿빛 성벽을 굽어보고 있었다. 그 뒤쪽에는 말로 표현할 수 없을 만큼 아름다운 하늘이 펼쳐져 있었다!
성벽 꼭대기에 이르자 수도원이 첫 모습을 드러냈고, 올리브 빛
안색에 검은 턱수염을 기품 있게 기른 젊은 사제가 두 손을
가슴에 대고 상반신을 정중하게 구부리며 나에게 인사를 했다.
노새가 빠르게 걸었다. 성벽 바로 옆에는 샘이 흘렀다. 노새는
샘물을 오랫동안 마시고는 젊음의 특권인 힘과 활기로 다시
기운을 차리고 깡충 뛰어올라 나를 비탈길로 실어 갔다. 내가
묵을 숙소는 수도원에서 멀지 않은 곳에 있었고 안마당에는
포석이 깔려 있었다.

    우리는 여기서 보낼 18일이 매우 감동적일 거라고
생각했다! 실제로 그곳에서 보낸 시간들은 매우 감동적이고
고귀한 추억으로 남아 있다. 그곳에는 고풍스러운 베란다와
반들반들하고 경사진 성벽이 있었고, 벌집 모양의 숙소와
회랑이 바다를 향해 자리 잡고 있었다.

    나는 좀 더 안쪽으로 들어가 노새의 방향을 돌려 멈춰 세운 뒤,
아래쪽의 수도원을 내려다보았다. 스탐불에서 본 것과 같은
무거운 돔 지붕이 보였고, 감미로운 추억이 마음속에 되살아났다.
광대한 사변형 땅 위에 석조 건물이 서 있었다. 내 시선은
멀리 있는 잔잔한 바다로 이끌렸다. 사이프러스는 거무스름했고,

수도원은 은은한 잿빛이었으며, 올리브나무는 푸르스름한
빛을 띤 은색이었다. 하늘은 바다가 발하는 보랏빛이 침투된
매우 강렬한 초록색이었다. 그리고 하늘에는 하얀 별들이 있었다.
이 광경이 마치 조명이 꺼진 무대 위에서 펼쳐지는 모습 같았다.
사암이 깔린 카리에스*의 포석에 우리가 탄 노새의 발굽 소리가
울려 퍼졌다. … 올라갔던 비탈길을 다시 내려가자, 포도나무에
감싸인 집들이 보였다. 석유램프가 여기저기에 달린 초롱 안에서
타오르고 있었다. 눈부신 침묵 속에서 이제야말로 '약속된' 땅에
도착했다는 느낌이 들었다. 길 끄트머리에 문 하나가 열려
있었는데, 거기서 새어나온 빛이 포도송이가 매달린 벽을 비추며
도로 위에 밝은 빛을 투사했다. 그곳은 여인숙이었다. 넓은 홀은
어울리지 않는 온갖 장식물로 무미건조하게 장식되어 있었다.
오늘날 세계 어느 곳의 카페에 가도 볼 수 있는 물건들이었다.
홀 건너편으로 재빨리 눈길을 돌리니, 말뚝 위에 세운 넓은
나무 회랑이 홀과 통해 있었다. 기둥의 높이는 그날 저녁 우리가
보기에는 매우 높아 보였다. 고풍스러운 정자 위에는 포도나무
가지가 늘어져 있고, 피사에 있는 베노초 고촐리*의 그림에
나올 듯한 포도 압착기도 있었다. 정자 아래에 램프가 매달려
있어서 포도덩굴이 밑에서 환하게 조명을 받아 밤의 공간이

한층 밝고 신선하게 느껴졌다. … 언덕은 여전히 바다를
바라보고 있었다. 우리는 넓은 홀을 지나 매우 높은 테라스에
다다랐고, 포도덩굴에 덮인 활력 넘치는 건축물에 둘러싸인 채,
파란색과 금색 포도송이가 무겁게 매달린 포도덩굴에 온통
뒤덮인 채, 바다를 굽어보았다. …

    나뭇잎과 덩굴손으로 이루어진 자연스러운 벽감* 속에
탁자들이 놓여 있었다. 다른 탁자들은 울타리 가장자리에 있었다.
울타리 때문에 숲으로 이어지는 공간이 막혀 있긴 했지만, 이곳에
놀러 온 사람들은 작은 어선들이 지나가는 바다와 고귀한 하늘,
광활한 대지의 풍요로운 일렁임, 포도·오디·올리브·무화과
열매를 마음껏 볼 수 있었다. 밤은 몹시 감동한 그리고 포근함에
나른해진 모든 명상에 호의적이었다. 바다 냄새와 과일의
단내가 가득한 축축한 밤공기는 포도덩굴 밑에서 나누는 달콤한
입술들의 약속에, 포도주 냄새가 나는 사랑스러운 도취에
제격이었다. …

    이상하게도 이곳의 건축 양식은 폐쇄적이지 않았다. 대리석
기둥 난간이 있는가 하면, 우리 뒤쪽에 보이는 건물벽은 건축적
원칙에 맞지 않게 회반죽을 발랐지만 궁전의 아트리움* 같은
깊이감을 보여주었다. 여자들의 규방으로 통하는 계단은

찾아볼 수 없었다. 그날 저녁 나는 와토˚가 상상했던 헤스페리데스˚나 키테라 섬˚ 같은 분위기에서 큰 즐거움을 느꼈다. 상상해 보라. 갑자기 낯선 곳에서 밤을 보내게 되니 흥분감과 우울감이 찾아왔다. 나는 멋진 검은 옷을 입은 멋쟁이들에게서 멀찍이 떨어져 울타리 가까이에 놓인 탁자 앞에 앉아 등을 돌리고 바다를 바라보며 명상에 푹 빠졌다. …

그곳은 매우 소박하고 카리에스에 하나밖에 없는 여인숙이지만 지난 1,000년 동안 후작 부인도 고급 창녀도, 심지어 잠시 지나가는 평범한 여자 손님도 머문 적이 없다고 했다.˚ 낮에는 태양이 격정적인 열기를 내뿜고, 밤이 되면 서글픈 적막이 내려앉는 이 땅에서 볼 수 있는 사람은 가난한 사람, 길 잃은 사람, 고귀한 영혼을 가진 트라피스트 수도사, 인간의 정의를 피해 도망 다니는 사람, 일하기 싫어하는 게으른 사람, 몽상가, 종교적 황홀경에 빠진 사람, 외로운 여행자뿐이었다!

포도나무, 무화과나무, 오디나무, 올리브나무와 포플러가 우거진 곳에 비잔틴 양식의 작은 예배당들이 있었다. 건조한 돌로 지은 예배당은 무거운 돔 지붕이 있고 아주 작은 성벽과 도개교까지 갖추고 있었다. 다음날, 우리는 계단을 올라가

회랑 꼭대기에 가보았다. 거기서 우리는 산과 바위, 해변에 흩어져 있는 수많은 예배당을 보았다. 하얀 햇빛이 쏟아지는 탁 트인 하늘 아래 있는 예배당들은 좁고, 넓고, 즐겁고, 슬프고, 상냥하고, 엄격하고, 성마르고, 개방적이었다. 그 너머에는 반들반들한 들판이 펼쳐지고 끝이 보이지 않는 바다가 일렁였다.

불구의 몸에 불결해 보이고, 나병에 걸린 듯한 사제들이 카리에스의 길거리에 주저앉아 구걸을 한다. 그들은 게으름과 악덕 때문에 하늘의 벌을 받은 것일까? 누가 알겠는가. 그들이 끈덕지게 따라다니는 불행 때문에 구원의 항구로 항해하듯 이 성스러운 산까지 왔다 하더라도, 여기서 발견한 것은 잔인한 이기주의와 무관심이었을 것이다. 포도덩굴과 무화과나무, 오디나무 아래의 그늘, 울타리 밑의 호밀마저도 그들에게는 과분한 걸까? 그들은 몸의 상처를 더욱 쓰리게 하는 사암이 깔린 카리에스 길거리에 엎드려 있다. 얼마나 잔인한 잠자리인가!

성모마리아에게 헌납된 이 산 위에는 성모를 기리는 제단이 마련되어 있다. 그리고 그 제단에서 가까운 바닷가 모래사장에는 성모마리아를 위한 수도원이 있다. 수도원은 네모난 건물로,

오래된 도개교 근처에 출입구가 뚫려 있다. 외벽은 해자 속에 잠겨 있고, 거의 꼭대기까지 헐벗었다. 건물 3-4층 높이쯤 되는 그곳에 외랑外廊이 열려 있었다. 넓은 뜰 한가운데에는 동방정교 예배당이 있었는데, 형태가 비잔틴 양식이었다. 오늘날까지도 비잔틴 정신은 이 수도원을 이루는 아주 작은 돌멩이에까지 영향을 미치는 듯하다. 이곳의 다른 수도원(대략 18개쯤 되는 것 같다.)은 접근할 수 없는 바위 끄트머리에 마치 독수리 둥지처럼 얹혀 있다. 바다 가까운 데 있는 다른 수도원도 사정은 비슷하다. 각기 다른 시대에 지어진 수도원과 거기에 모여 있는 수도사들을 보니 마치 과거로 돌아간 듯한 느낌이 들었다.

우리는 카리에스에서 내려가 성모마리아에게 특별히 헌정된 이베리아 수도원le Couvent des Ibères에 도착했다. 그 수도원은 하얀 대리석으로 된 멋진 건물로, 해발 2,000미터 높이의 피라미드 형상을 한 아토스산 발치에 있었다. 마침 성모 축일이라 행사 중이었다. 태양이 아토스산 비탈로 뉘엿뉘엿 넘어갈 때쯤, 수도원은 성스러운 축제 분위기를 즐기려고 주변 섬에서 온 사람들과 굶주림에 시달리는 가난한 사람들, 걸인들, 부랑자들로 북적거렸다. 매년 열리는 이 축제 때면 돌로 지은 수도원 구내식당이 밤새도록 열려 있기 때문이다. 프레스코화 때문에

엄숙하고 우중충해 보이는 동방정교회 예배당 안에서는
어두운 밤을 지나 아침까지 비통하고 환각을 불러일으키는
찬송가가 울려 퍼질 것이다. …

　이곳의 자연은 기쁨, 축제, 태양, 그리고 포도나무와
무화과나무, 포플러로 뒤덮여 있다. 그 앞에 펼쳐진 바다는
무한히 파인 골짜기로 이어지는 초록빛 땅 위에 어슴푸레한
빛을 반사하며 오후가 한창임을 보여주었다. 우리는 바다를 향해
내려갔다. 포도밭 울타리가 보였고, 젊은 노동 수도사들이,
파란 외투를 입은 은둔자들이 포도밭 문가에 앉아 있었다.
그들의 암자가 가까워지자 마른 돌로 된 무덤이 보였다.
그들 삶의 두 번째 피난처였다. 우리는 기쁜 목소리로 그들에게
"안녕하세요." 하고 외쳤다. 그랬더니 한 사람이 재빠르게 일어나
포도밭 안으로 달려 들어가 포도를 한 아름 가져다가 우리에게
건네주었다. 두 은둔자는 미소를 짓고, 두 손을 가슴에 교차시킨 채
몸을 숙였다. 우리도 그들에게 인사했다.

　"안녕하세요, 형제님들. 고맙습니다, 고맙습니다!"

　그들은 여러 달 만에 외부인이 지나가는 모습을 보았을 것이다.
우리는 즐거운 마음으로 바다를 향해 출발했다.

바다는 높은 곳에 위치한 수도원에서 멀었다. 우리가 머물던 하얀 방에서 바다를 바라보면 수평선이 끝없이 멀게 보였다. 그런 계절에, 그런 위도에서 수평선을 본 적이 한 번도 없었던 것이다. 따뜻한 수증기가 바다를 하늘에 이어주었다. 그리고 물결무늬만 보여 그것이 바다라는 사실을 우리에게 알려주었다. 방 창문에서 밖을 내려다보면 현기증이 일 정도였다. 그 방은 깎아지른 듯한 절벽 위에 서 있는 수도원에서도 가장 높은 층에 있었으니까. 앞뜰에 회색 돌이 깔린 교회 건물은 바닥에서 돔 지붕까지는 우아한 잿빛이고, 나머지 부분은 황소의 피처럼 붉은색이었다.

    우리는 안내를 맡은 노동 수도사를 따라 수도원 구내식당으로 들어갔다. 검은 옷을 입은 머리가 긴 수도사들이 금빛 성상 하나로 장식한 후진後陣* 앞에 놓인 두 개의 긴 탁자 양옆에 앉아 있다가 몸을 일으켰다. 상급자 자리는 두 탁자가 만나 U자를 이루는 부분에 있었다. 우리는 손님의 방문에 대비해 늘 비워놓는 자리에 앉았다. 예루살렘에서 온 순례자는 오늘따라 우리와 한 번도 마주치지 않았다. 그 남자는 프랑스어를 조금 할 줄 알았고 미묘한 매력을 지니고 있었으며, 태도가 점잖았다. 또한 뜨거운 열정으로 우리의 궁금증을 자극했다. 사제 중

가장 높은 사람이 축복기도를 했다. 하얀 나무 탁자에 놓인 수도사들의 손은 흙일을 많이 해서 거칠고, 못이 박히고, 부풀어 있었다. 탁자에 올라온 식기는 시골에서 흔히 볼 수 있는, 흙으로 만들고 유약을 바른 잔 받침과 항아리들이었다. 한 사람 앞에 항아리가 세 개씩 놓였는데, 그 안에는 생토마토, 삶은 강낭콩, 생선이 들어 있었다. 그것뿐이었다. 또 포도주가 담긴 작은 항아리 하나와 주석잔 하나, 묵직하고 둥근 호밀빵 한 덩어리가 있었다. 일상의 보물이자 축복의 상징이었다. 상급자들이 빵을 자르고, 하얀 나무 탁자 위에 놓인 항아리에 담긴 요리와 포도주를 먹고 마셨다. 식사는 그게 다였다. 그을린 얼굴에 기쁨과 생기가 흐르는 수도사들이 우리에게 미소를 보냈다. 그리고 자주 그랬듯이. … 서로 뭔가 이야기를 나눠보려 했지만 대화가 자꾸만 끊겼다! 간소한 식사는 빠르게 끝이 났고, 우리는 수도사들의 행렬에 동참했다. 그들은 모두 우리에게 뭐라고 말을 했고, 우리의 손을 잡고 입을 맞추었다.

카라칼루수도원le Couvent de Karacallou 노동 수도사들의 환대는 은총 어린 기억으로 남아 있다! 그들의 검소하면서도 정성이 가득한 손님 대접은 우리에게는 그야말로 축복이었다. 친절한 카라칼루 사람들에게 신의 은총이 함께하길! 석회 칠을 해서

온통 하얗던 방에 대한 추억을 이 추억에 덧붙이겠다. 나는
보스니아산이거나 왈라키아산인 요란한 색깔의 양탄자를
두르고 그 방의 긴 의자 위에서 잠을 청했다. 벌어진 창틀을 통해
새벽의 무한한 공간 속에 해가 떠오르는 모습을 세 번 보았다.
그 시각 그 높은 곳에서 땅을 내려다보면 올리브나무들이 마치
이끼처럼 조그맣게 보였다.

   수직으로 솟아오른 붉은 바위, 존재의 깊은 곳으로부터
신음을 토해내는 대지, 끝없이 펼쳐진 바다에 대한 깊은 인상을
내 무력한 필력 때문에 제대로 표현하지 못해 안타까울 따름이다.
고약하고 심술궂은 표정을 한 노새들이 여러분을 엉덩이로
들어 올려 파도치는 가파른 모래사장에 내던질 수도 있다.
하얀 태양의 눈부신 공격은 여러분의 색채감각을 혼란시킨다.
이곳에서는 보기 드문, 돌로 지은 암자에 은둔하는 수도사
한두 명을 만나기도 했다. 그들은 검은 수염을 텁수룩하게 기른
얼굴로 문가에 서서 얼간이 같은 선한 미소를 지으며
두 손을 가슴에 모으고 몸을 숙였다. 우리는 노새 안장 위에서
흔들리며 황량한 비탈길에 솟은 꼬불꼬불 말라비틀어진
나무 사이를 한참 헤맸다. 그러나 '선지자'라는 뜻을 가진
프로드로모스수도원le Couvent de Prodromos은 도무지 찾을 수가

없었다. 흡사 존재하지 않는 수평선을 찾아 한없이 나아가는
느낌이었다. 오늘따라 바다는 실체도, 경계도 없어 보였다. …
해안에서 멀지 않은 곳에서 단단한 호두껍질 같은 작은 돛단배
한 척이 경쾌하게 파도를 타며 나아가고 있었다. 배의 난간 너머로
밧줄, 돛, 남자 세 명이 보였다. 그리고 오른쪽에는 꼭대기가
대리석으로 된 피라미드 형상인 아토스산이 솟아 있었다. 끝없이
이어지는 방어용 요철과 황량한 요새 안쪽은 성모마리아를
섬기는 자들을 위한 수도원이다! 경건한 신앙심을 마음에 품은
사람들, 동방정교회 신자들, 정통파와 이단 교파 신도들 혹은
두 팔을 들어 십자가 숭배에 헌신하는 세르비아 원시 교파
신도들이 봉헌한 온갖 보물이 저 수도원에 모여들 것이다.
자갈밭에는 해자가 파여 있다. 오디나무가 삼중관三重冠˚ 모양의
돌무더기에 둘러싸여 있고, 주변 모래사장에는 너무 익어버린
오디 열매들이 떨어져 굴러다닌다. 입구까지 가는 데 시간이
무척 걸렸다. 여러 도구가 줄지어 놓여 있는 뜰에 말끔하게
손을 본 동방정교회 예배당이 서 있었다. 예배당 지붕은
함석이었다. 썰렁한 복도를 지나 널찍한 손님용 응접실에
다다랐다. 응접실도 별다른 장식 없이 썰렁했다. 이윽고 사제장이
우리를 접견하러 들어왔다. 나는 식탁에서 음식을 먹고 병이 났다.

배가 조여들고 통증이 느껴졌다. 마침내 탈진한 나는 몸이 극도로 쇠약해졌다. 위가 경련하는 와중에도 그곳 도서관을 구경했다. … 익살스러운 노새들은 귀리를 실컷 먹은 뒤 호기심에 가득 차 귀를 쫑긋 세웠다.

"크세르크세스* 함대가 이 거대한 바위 밑에서 전멸했다."

이 소름 끼치는 문구를 통해 우리는 까마득히 내려다보이는 바다의 끔찍한 깊이와 무시무시한 어둠을 가늠할 수 있었다. 용감한 사람들은 그 속에 들어가 보물을 찾아봐도 좋을 것이다! 크세르크세스 함대는, 그 정복자들은 2,000미터 깊이의 물속에서 구조를 기다리다 지쳐갔을 것이다. 붉은 바위산이 수직으로 뚜렷하게 솟아 있었다. 우리가 노새를 타고 지나온 풀밭이 그 바위산과 이어진다는 데 생각이 미치자, 두려운 느낌이 들었다. 왠지 위험한 냄새가 났다. 햇살이 눈부시게 쏟아지는 가운데 우뚝 선 바위 밑에서 작은 배 한 척이 아슬아슬하게 흔들리고 있었다.

맙소사! 폭풍우의 무분별한 공격을, 경탄을 자아내는 그 분출을, 압도하는 그 힘을 상상해 보라! 그 폭풍우 한가운데에서 크세르크세스 함대가 격노한 파도에 휩쓸리면서, 바위에 뱃머리를 부딪치면서 필사적으로 뱃머리를 돌리려 하지만,

바다는 아랑곳하지 않는다. 배가 우지끈 소리를 내며 부서지고,
파편이 메마른 소리를 내며 날아가고, 사람들은 짓이겨진다.
파란 눈의 전사들은 입을 크게 벌리고 눈을 감은 채 음산하고
깊은 바다로, 움직임이 없는 바닷속 모래밭으로 천천히
가라앉는다. 전사들은 고요하기로 이름 높은 이곳을 찾아온
예기치 않은 방문객들이었으리라. 하늘은 불을 뿜고, 바다는
이 높은 곳까지 물보라를 뿜어 올렸을 것이다. 말로 표현할 수
없는 그 소동 가운데 거대한 붉은 바위에 엄청난 힘으로
파도가 몰아쳤을 것이다. 그런 곳에서 우리가 노새를 타고
종종걸음으로 돌아다니다니!

암자의 넓은 뜰에 내리자, 도롱뇽들이 제일 먼저 우리를
반겼다. 뒤이어 수도사들이 급히 달려 나왔다. 우리는 말했다.

"프란추스키."

"아, 프란추스키!"

수도사들도 가슴에 두 손을 포개고 기쁨 어린 표정으로
대답했다. 그 사람들은 러시아 대초원에서 갓 도착한
은거 수도사들이었다. 러시아는 프랑스와 함께 협상국*에
속했던 나라다.

"프란추스키, 아, 프란추스키!"

탁자 위에 빨간 토마토와 포도주가 흐드러지게 놓여 있었다. 전례용으로 마시는 유향수도 있었다. 우리는 디오니소스의 당나귀에 실려 여기로 왔다. 저녁이 되자, 하늘은 별들로 가득했다. 십자형 창살이 있는 창문 밖에는 부드러운 바다가 일렁였다. 포도주가 아직 한 병 남아 있었다. 아토스에서 보낸 수많은 밤들처럼 따뜻한 포도주는 우리의 머릿속을 뒤죽박죽으로 만들었고 덕분에 모든 것이 우스꽝스럽게 여겨졌다. 나를 줄곧 괴롭히던 복통도 웬일인지 물러가 버렸다! 밤의 어둠 속에서 서성거리던 당나귀 발굽 소리도…… 아! 아토스가 나에게 수도원 문을 열어주었다. 아! 아토스는 노동 수도사들의 암자에서 전율하며 그들을 맞아주었다. 그리고 포도주잔을 기울이는 즐거운 환대가 우리의 마음을 풀어주었다! 아토스의 포도주는 그날 나에게 흥겨운 추억을 선사했다!

몸이 불편했던 어느 날, 나는 씁쓸한 회한에 잠겨 하루를 보냈다. 그날 저녁 이 작은 마을의 구슬픈 일상이 나로 하여금 침울하고 불확실한 감정과 흐릿한 불안감에 잠기게 했다. 나는 커다랗게 입을 벌린 골짜기 위에서 1시간 동안이나 깊이 생각에 잠겼고, 그동안 숨겨온 눈물 어린 고독을 다시 발견했다. 오랫동안 떨어져 있던 우리 둘 사이의 거리를 단번에 뛰어넘어

고독을 열정적으로 포옹하고 어루만지고픈 욕망이 느껴졌다.

　내 나이가 주는 기쁨과 고독이 있고, 때때로 밝은 빛이 있고, 어떤 미소가 혹은 어떤 태양이, 말로 표현할 수 없는 어떤 음악이, 부드러운 바람과 계절이, 마음대로 움직일 수 있는 육체와 그것에 공감하는 마음이 있으면 그것으로 족하다. … 저녁 식사 후 태양이 아직 남아 있는 네 시간 동안 동방의 하얀 하늘은 따뜻한 공기를 내뿜으며 나를 회한으로 감싸안았다. 그날 저녁 내가 본 주변 풍경이 염려스러운 신호로 내 가슴을 수축시켜, 몸속 깊은 곳에서 간절한 호소가 울려 퍼지고 내 영혼이 뒤집혔다. 다행스럽게도 눈부신 빛 한 줄기가 악몽의 두려움을 멀리 물리쳤다. 아토스산 꼭대기는 피라미드처럼 정말로 뾰족해서 우리는 감지하기 힘든 거리감을 느꼈다. 산 밑을 내려다보면 바다가 반사하는 빛 때문에 마치 빛 덩어리 한가운데 떠 있는 것 같았다. 바다에서 생겨난 파도가 창공을 향해 떨어져 나온 땅 주변에 생경한 이미지를 만들어놓았다. 하얀 햇살이 격렬히 부서지는 바다는 우리의 시선을 혼란스럽게 했다. 바다는 끊임없이 출렁이며 악몽 같은 공포심을 자아냈다. 마치 우리가 서 있는 땅덩어리가 무한한 공간 한가운데에 둥실 떠서 돌아가는 것 같았다. 아토스산은 서쪽의 지협 부분을 제외하고,

주변 바다 위에 자신의 그림자를 던지고 있었다. 산은 마치
찬란한 광대함 속에 넘어진 한 육체 같았다. 우리는 어느 작은
봉헌 예배당 문가에 있었다. 하지만 나는 아무 감정도 느끼지
못했다. 성모마리아의 땅 최고봉에 자리한 이 예배당은 여기까지
찾아온 순례자들에게는 숭고한 성찬식에 사용하는 무교병*
같았다. 산꼭대기에 있는 성 조지 수도원le Couvent de Saint-Georges에
오기까지 우리는 여러 주에 걸쳐 바다를 가로지르고 암자에서
수도원으로, 수도원에서 암자로 옮겨 다니며 며칠을 보냈다.
안내인 한 명을 따라 노새를 타고 사람이 살지 않는 야생의
자연 속을 여러 시간 헤맸다.

    대리석 바위 아래 있는 대피소에 다다라서는 우물 옆에
노새를 비끄러맨 뒤 신중한 안내인에게 잘 지켜달라 부탁하고,
우리끼리만 산꼭대기까지 걸어 올라갔다. 힘겹게 몇 걸음 걷자
무한이 시야를 붙잡는 평평한 땅이 나왔다. 거기가 바로
산 정상이었다. 이곳에 올라와 성모마리아상을 발견한 사람은
오열을 터뜨리며 무릎을 꿇고 명상에 잠겼을 것이다. 하얀
진흙으로 만든 제단은 유약도 바르지 않았고, 단순하게 채색된
성상 하나만 놓여 있었다. 제단 가까이에 놓인, 버들가지를 엮어
겉을 싼 주둥이가 좁고 둥근 기름 램프에 순례자가 직접 기름을

채워야 했다. 오랫동안 이곳에서 예배를 드리지 않았다는 의미 같았다.

우리는 바다가 지척이고 하늘 높은 곳에 자리한, 그리고 예루살렘으로 가는 마지막 길 위에 있는, 마치 현대 교향곡의 극단적인 음표 같은 이 성소에 마침내 도달했다. 이곳에서는 가톨릭 신앙이 신비 신앙을 밀집시키고, 신도들을 황홀경으로 이끌 것 같았다.

나는 철과 콘크리트를 강렬한 카덴차로 혼합하기를 꿈꾸는 건축가로, 필연에 떠밀려 이곳까지 왔다. 나로서는 옛날에 이 산 위에 청동 제우스상이 서 있었다는 사실이 놀랍기만 했다. 로마와 카르타고의 3단 노선이 파도 위에서 노를 저으며 솟구쳤을 것이다. 그리고 사공과 상인들, 전사와 정복자들은 씩씩한 자부심을 느끼며 남성적인 그 신과 함께 멀리서 모습을 드러내는 아토스산 꼭대기를 바라보았을 것이다. 그러는 동안 노예들은 노에 몸을 숙인 채 장엄하고 경쾌한 바다를 향해 저주를 퍼부었겠지. 몸에서 윤이 나는 돌고래들이 미친 듯이 바다를 질주했을 것이다. 돌고래를 배에서 보면 마치 깊은 청록색 바다에 그물을 짜는 것처럼 보였을 것이다.

이 갈색의 땅이 영웅 서사시 시대의 씩씩한 기상과 이슬람

종족의 침착한 정복 사이에서 울림 없이 공허하게 구멍만 파인,
비잔틴 수도사들을 위한 성지로 남은 것이 안타까울 뿐이다.
동방정교회 수도사들의 삶이 나를 슬프게 한다. 우리는
해발 2,000미터 산꼭대기에서 다시 내려갔다. 내려가는 동안
성조지암자le Skite Saint-Georges와 성안나암자le Skite Sainte-Anne를
지나쳤다. 갈색 석회암이 있고 자갈투성이 해자에 너무 익은
오디 열매들이 굴러다니는 성바울수도원le Couvent de Saint-Paul도
지나쳤다. 갑자기 이 섬을 떠나고 싶었다! 그러나 이곳 바다에
배가 다시 뜨려면 8일을 기다려야 했다.

    햇살이 찬란한 어느 아침, 우리는 스핑크스처럼 웅크린
산등성이를 넘어 로시콘수도원le Couvent de Russikon으로 내려갔다.
우리가 탄 노새들은 우리를 거친 포도밭 길로 데려갔다. 포도밭 길
왼쪽에는 플라타너스 한 그루가 불심검문이라도 하듯 솟아
있었다. 그 나무는 마치 페르시아 여인에 대해 이야기하는 듯했다.
플라타너스는 멋진 골격을 갖고 있었다. 반들반들한 나무줄기는
비에 씻긴 잿빛 대리석처럼 검었고, 두툼한 가지가 밝은 빛처럼
솟아 있었다. 끝부분의 작은 가지들은 분수의 물줄기가 뿜어낸
작은 물방울처럼 늘어져 있었다. 작은 가지 끝에는 나뭇잎들이
듬성듬성 매달려 우아한 에메랄드 세공품처럼 손가락을 활짝

벌리고 있었다. 플라타너스는 바다를 향해 뿌리를 뻗고 거기에
홀로 서 있었다. 칠기에 그려진 물결무늬 같은 찬란한 금빛
공기 속에서, 섬세하게 채색된 산호 같은 분홍빛 땅 위에서,
동방의 섬세한 동화처럼 시적이고 희미하게 떨고 있었다.
푸른 포도밭과 가늘고 섬세한 나뭇잎 너머로 보이는
하늘 한가운데에, 꿈처럼 감미롭고 부드럽게 서 있었다. …

바깥에서 보면 인간의 규모인 것은 예배당 앞뜰뿐이었다.
하늘을 가리는 건물 정면의 돌출부, 그곳으로 이어지는 계단,
아치형 출입구의 뒷면 그리고 돔 지붕이 한데 어우러져
무시무시한 위용을 자랑했다. 그러나 어두운 현관홀을 지나면
위대한 건축가들의 시대에 대한 기억이 단번에 상기되었다.
대리석과 빛나는 모자이크 때문이 아니라 관 뚜껑처럼 장식된
우묵한 궁륭 때문이었다. 희미한 빛 속에 잠긴 문이 열리자,
거대한 중앙홀의 장엄한 광경이 찬란하게 드러났다. 네 개의
펜던티브가 넓은 공간을 가로지르는 아치들을 연결해주고,
궁륭을 둘러싼 많은 창문을 지지해 주었다. 중앙홀은 평평했고,
연단은 널찍했으며, 돔 천장은 엄청나게 넓고 둥글었다.

인간이 만들어낸 기적적인 건축물, 보기 드문 걸작이었다.
서기 500년대, 밀레투스의 이시도루스와 트랄레스의
안테미우스*는 자기들의 꿈을 실현하기 위해 전례 없는
건축 방식과 하중 시스템을 고안했다.

　이 위풍당당한 개가 이후, 동방의 건축 기술은 수 세기 동안
침묵했다. 그러나 비잔틴의 정신은 신비로운 녹석의 생명력을
받아 파라클레드수도원le Couvent de Paraclès, 대주교성당le Couvent de
Métropolites 등으로 이어졌다. 콘스탄티노플의 성소피아대성당도
그렇고, 마르마라해와 골든혼 사이에 있는 하렘도 그렇다.
칼키디키반도*에 우뚝 솟은 피라미드 같은 아토스산도,
아토스산에 있는 네모난 수도원들도 모두 마찬가지다.

　아토스의 수도사와 은둔자들, 기도하는 사제들은 엄격하고
어슴푸레한 문 속에 잠긴 지하 예배당 성소에 보관된 섬세한
금빛 판화를 소중히 간직했을 것이다. 그러나 건물이 너무 작게
지어져 감탄하기에는 조금 부족했고, 나는 이해하기 힘든
언어로 된 교리를 더듬더듬 읽으며 몇 시간을 보냈다.

　이곳 아토스산은 아시아에서 시라쿠사, 페리고르, 스페인,
베네치아와 엑스라샤펠로 가는 길목이기도 하다. 아토스산은
기하학적 조형미를 발하며 자신의 화려함과 낡아빠진 의상을

모두 보여준다. 나는 눈에 보이는 재료에 영감을 불어넣고
성실하게 연출하여 쓰임새 있는 작품으로 변모시켜야 하는
고귀한 건축가의 의무를 강렬하게 자각했다. 이곳은 신의
어머니에게 오래된 업을 피할 돌로 된 안식처를 제공하고, 죄지은
영혼들이 악행에서 벗어나도록 견고한 방을 만들어주었다.
이곳의 건축물은 기도와 찬송이 하늘에 도달하도록 형태와
색깔에 신경을 쓰고 외부에서 들어오는 빛의 리듬을 신중하게
배치했다. 고대 건축가들은 참으로 성스러운 임무를 수행했던
것이다! 그들의 의도, 그들의 노력은 순수하고 칭송받아
마땅하다. 그러나 오늘날의 건축가들은 그 순수함을 잃어버렸다.
그들은 시간에 쫓겨 날림으로 작업하며, 고대 건축가의 규범 같은
것은 안중에도 두지 않는다. 오! 우리는 수많은 동방의 사원에서
열광에 사로잡히고 고통스러워했다! 뒤돌아보면 너무나
부끄럽다. 그러나 고요한 성소에서 보낸 시간이 나에게
젊은이다운 용기와 정직한 건축가가 되고자 하는 정당한
욕망을 불러일으켰다. 성소의 궁륭 밑을 지나가는 방문객이여,
만일 당신이 건축가라면 돌로 된 그 건축물의 혹독한 비판 앞에서
느껴야 하는 두려움을 납득하지 못할 것이다. 우리는 세심한
장인정신이 퇴색해 가는 가련한 시대에 살고 있다. 또한

다행스럽게도 우리가 고대 건축가들과 만나는 일은 없을 것이다. 하지만 선임자들은 놀랍고 걱정스러운 눈빛으로 우리를 바라볼 것이다. 그들의 분노가 우리에게 내리는 날, 우리는 부끄러움을 느끼고 도망치게 될 것이다. 그들의 노고가 남긴 흔적들은 내 마음을 염려로 가득 채우고, 오늘날 우리가 작업하는 건축물의 설계 원칙을 두려워하게 만들었다. …

    아토스교회는 따뜻한 봄비가 내리기 전에 볼 수 있는 나뭇잎 눈을 연상시키는 간결한 양식이다. 윤이 나고 단단한 껍질 아래에는 여름의 보물인 꽃과 가을의 보물인 열매가 간직되어 있다. 겨울이면 다시 천천히 발아를 준비한다. 높이가 대략 4미터인 돔 지붕 하나가 있다. 돔 지붕은 바닷바람과 산봉우리가 바라다보이는 전망 때문에 실제보다 나지막하게 보였다. 프로나오스˚처럼 솟아 있는 현관홀을 통과하자, 널찍한 돔 천장이 마치 쌍안경으로 보는 것처럼 커다랗게 모습을 드러냈다. 네 개의 펜던티브로 지탱된 돔 천장이 놀라울 정도로 높이 올라가 숭고한 감정을 불러일으켰고, 장식 없이 매끈하게 뻗은 둥근 기둥 네 개에는 사다리꼴 기둥머리 장식이 둘려 있었다. 주변을 둘러보니 돔 천장이 가로지르는 어두운 프로나오스 양쪽에 아치형 틀이 솟아 있고, 바닥에는 화려한 대리석

모자이크가 깔려 있었다. 사변형을 이루는 벽은 반들반들했다. 벽에 걸린 수많은 프레스코화는 거무스레한 은빛 후광, 흐릿한 금빛 후광 속에서 황갈색, 군청색, 초록색, 코발트색으로 꾸며져 강렬한 전설을 이야기했다.

지탱하는 부분과 지탱받는 부분, 근육처럼 단단하게 연결된 벽과 둥근 곡선을 보여주는 천장이 눈에 들어왔다. 간결한 언어 표현이 다이아몬드처럼 간결하고 굳건한 가치를 부여하듯, 그 모습은 견고하면서도 엄격해 보였다. 고대 그리스의 빛과 규정하기 어려운 아시아의 정신이 기이하게 결합된 결정체였다.

나는 마치 어려운 글자를 해독하듯 어두운 그림들을 들여다보았다. 그림에는 덧칠의 흔적이 남아 있었는데, 세월이 흘러 색이 바래면서 오히려 웅장한 종교성을 다시 획득한 듯 보였다.

창과 창 사이 벽에 걸린 장식 그림에 젊은이답고 순박해 보이는 어느 나라 왕자의 모습이 보였다. 세르비아나 불가리아의 왕자 같았다. 그의 태도는 매우 신중했다. 두 발 앞부리를 얌전히 모은 모습에서, 망설이긴 하지만 앞으로 나아가지 않겠다는 결심이 느껴졌다. 그는 어두운 바탕색 속에서 두 팔을 뻗어 파란 돔 지붕이 있고 벽을 온통 붉게 칠한 성소의 축소 모형을 보여주고 있었다. 그 호화로운 봉헌물은 그보다 다섯 배 더 크게 그려진, 머리털이 텁수룩하고 수염을 기른 노인에게 바치는 것이었다. 검은 사제복을 입은 노인은 깊이 숙인 탓에 더욱 어둡게 보이는 주름진 얼굴로 봉헌물을 향해 두 손을 내밀고 있었다. 그가 내민 두 손이 왕자의 화려하고 활기찬 치장과 대비를 이루었다. 두 성인聖人이 주홍색과 금색 후광에 둘러싸여 그 모습을 지켜보면서 안개구름 위로 지나간다. 크로아티아 왕자는 그의 즉위식 날 하늘과 사이가 좋아지도록 아토스 땅에 성소를 짓고, 현관 입구 오른쪽에 이 그림을 그리게 했던 것이다.

라브라 교회l'église de Lavra에서 본 것들도 기억에 남는다. 교회 왼쪽 벽에는 끔찍한 지옥의 모습이 그려져 있었다. 붉은 물결이 굽이치는 황갈색 바다에서 이빨이 비죽비죽 달린 괴물들이 콧구멍에서 김을 내뿜고 주둥이에서 불을 토하고 있었다. 검은 대기를 배경으로 엄청난 격류가 몰아치는 바다에서는 모든 것이 무너져 내리고 소용돌이쳤다. 그리고 많은 사람이 벌거벗은 채 고통에 차 울부짖고 있었다. '지옥에 떨어져 불구덩이에 던져질 사람들'을 묘사한 장면이었다.

반면 필로테온 수도원le Couvent de Philothéon에서는 이런 중세적 이미지를 찾아볼 수 없었다. 이곳에 있는 그림들은 힌두교의 페리¹가 용이나 히포그리프˙ 같은 상상 속 동물의 머리 위에 올라앉은 모습이었다. 페리는 하늘로 올라가면서 손가락을 움직여 그 난폭한 짐승들에게 침묵을 부과했다. … 아, 아니다! 기억해 보니 바로 그 옆에 지옥의 끔찍한 광경이 묘사되어 있었다. 머리가 여러 개 달린 끔찍한 짐승이 침을 흘리며 뭔가를 필사적으로 붙잡기 위해 발톱을 벌리고 하늘 한가운데에서 추락한다. 그리고 페리가 팔을 펼치고 아래로 떨어진다. 그것은 기독교의 성소까지 아시아 신화에 대한 고통스러운 향수를 지니고 온 사산조 페르시아의 남자가 그린 묵시록적 종말에 대한 묘사일까?

모든 벽에, 주랑과 프로나오스에서 성소까지 화려한 그림이 비단처럼 덮여 있었다. 엔태블러처와 원기둥의 초석, 돔 천장에까지 그림이 장식되어 있었다. 그림에는 또한 모든 교리와 전설, 인간의 행동규범에 대한 기록이 새겨져 있었다. 모든 봉헌물이나 행위에는 상징적인 규칙이 대응되었고, 각각의 장면은 엄격한 질서와 위계적 위치를 갖고 있었다. 그림은 주제에 맞게 순서에 따라 배치되어 강력하면서도 섬세한 의도를 엿볼 수 있었다. 우상 파괴론의 기치 아래 조각이 설 자리를 잃어버렸고, 대신 화려하면서도 웅장한 색채의 조합이 그곳을

점령해 버렸다. 또한 규모가 큰 건축물에 거의 적용되었던
처마 언저리 쇠시리 장식이 사라짐으로써 아토스의 예배당들은
더욱 힘 있고 아름다운 모습을 갖게 되었다.

　한 가지 덧붙이자면, 열정적인 모든 전설을, 교회 후진의
비밀을 감추며 성상 벽에서 외롭게 반짝였다. 성상에 사용된
금은 낡아빠졌고, 방문객들은 지나치게 서둘렀다. 그들은 너무
방만하거나 비과학적이라는 이유로 우리 인간의 정신으로
평가할 수 없을 만큼 귀중한 비잔틴 미술을 제대로 연구하지
않는다. 또한 그림을 망친다는 이유로 복원에 반대하고,
도록 편찬에도 등을 돌렸다. 도서관은 무질서하여, 소중한 자료가
담긴 훌륭한 책을 소장하고 있으면서도 자기들이 가진 것의
가치를 너무 몰랐다. 우리 또한 이해하기 힘들고 병 때문에
힘이 없다는 이유로 서둘러 아토스를 떠나야 했다. 하지만 나는
이곳을 다시 방문하지 못하리라는 사실을 잘 알고 있었다. …
비가 내리던 어느 우중충한 일요일, 나는 서글픈 시골 도시의
숙소에 혼자 앉아 우리가 지나쳐버린 그 많은 행복한 추억을
고통스럽게 곱씹었다! 자줏빛, 분홍빛, 군청색 옷을 입은 날카로운
추억이 반짝이는 왕관을 쓰고, 금색 상제의上祭衣를 입고 모습을
드러냈다. 나의 기억은 대지와 바다를 건너 속죄하는 순례자처럼

성소에서 경험했던 숭고한 감정들을 생생히 되찾았다.

지금 내 탁자 위에는 증거 하나가 놓여 있다. 우리가 아토스를 출발하던 날 아침에 로시콘수도원 도서관에서 작은 종이에 되는 대로 베껴 그린 세밀화다. 손바닥보다 작은 그 그림 속에서 끝없는 초록색 평원이 펼쳐진다. 천둥번개를 예고하는 듯한 초록빛은 우리가 어느 저녁 클라세의 성아폴리나레교회l'eglise de Saint-Apollinaire에서 돌아올 때 라벤나의 성상에서 본, 금빛 하늘 아래에 펼쳐져 있던 초원의 색깔과 똑같았다. 그림 속에서는 검은 수녀복을 입은 한 여자가 몸을 구부리고 기도하는 자세로 쪼그리고 앉아 고통스러운 탄원의 외침을 토해내고 있다. 세밀화 모서리에는 먹구름이 떠 있고, 꽃이 핀 나뭇가지 몇 개가 여자와 똑같은 간절한 모습으로 기울어져 있다. 서투른 솜씨지만 기이한 힘이 느껴지는 그림이었다. 하지만 너무나 작아서 상상을 펼칠 만한 공간은 없었다. 이 그림을 그린 중세의 채색공은 1,000년도 더 전에 세 개의 기본 색조만을 사용하여 이런 통일된 이미지를 창조하고 영혼의 드라마를 펼쳐 보였던 것이다.

좀 더 강렬한 힘으로 나를 사로잡은 그림이 있다. 이비론수도원le Couvent d'Iviron 구내식당에서 본 커다란 성상 벽화였다. 그 식당은 돌로 된 로마풍의 커다란 건축물로서,

대들보의 아치들이 돔 천장에 리듬을 부여하고, 육중한 돌에 균형을 잡아주었다. 건물은 석회로 하얗게 칠했고, 지면에는 넓찍한 포석이 깔려 있었다. 탁자는 하얀 대리석으로 된 커다랗고 두툼한 것이었다. 장식이 없는 홀 안을 걸을 때마다 엄숙한 소리가 울려 퍼졌다. 홀이 전체적으로 너무나 하얘서, 검은 옷을 입은 사제들이 마치 부피감 없는 점이나 구멍 같았다. 후진에, 벽 높은 곳에, 검은 테가 둘린 커다란 성상이 있었다. 금빛 바탕색이 많이 낡았지만, 성모마리아는 치마부에가 그린 성상보다 더 강렬한 인상을 주었다.

나는 그런 곳에 보관된 성상들이 매우 설득력 있다고 생각한다. 그런 그림이 장식된 작은 수도원만큼 수도사의 정신을 단적으로 드러내 주는 곳도 없다. 도개교 맞은편 내리닫이 살문 아래 해자를 향해 나 있는 수도원 안의 암자들도 마찬가지다. 세상을 정복하는 대신 자신의 섬 안에 스스로 갇혀 수도의 길을 걷는 사람들이 그곳에 살고 있다.

오, 그곳은 얼마나 폐쇄적인 공간인가!

그래서 나는 터키 사람들이 많이 모여 사는 곳 한가운데 자리 잡은 성소피아대성당이 마음에 든다. 하늘이 황금빛으로 물든 어느 날 저녁, 성 소피아 대성당은 마호메트에게 정복되었다.

빛나는 황금과 칠보로 장식된 그 거대하고 영예로운 공간 안에
위대한 시대의 숨결과 정복된 땅, 바다의 위대한 기운을
간직한 채 말이다.

병적인 상념.

축제의 밤……

성모마리아 성전의 꿈같은 환영……

성상 벽 뒤 어두컴컴한 후진.

성상 벽은 1년 만에 내진內陣*에 밝혀진 강렬한 촛불 덕분에
멋진 금빛으로 타오르고 있었다.

촛대는 침엽수의 나뭇가지 모양이었고, 여러 개의 초가
서로 포개져 타오르며 흔들거렸다. 순례자가 밤중에 도착하면
친절한 사제가 초를 다시 꽂았다. 밀랍으로 만든 황금빛 초였다.
성소 밖에서는 야행성 새의 울음소리가 들렸고, 안에서는
간절한 외침, 헐떡임, 멜로페, 전례 음악의 꺼져가는 멜로디가
들렸다. 카덴차, 스케르초, 푸가, 행진곡, 뒤틀리고 가느다란
노랫소리가 여기에 있는 사람들의 머릿속을 뒤흔들며 반복되었다.
그 소리는 돔 지붕 위로 올라갔다가 타오르는 향 연기 너머로
퍼져 나갔고, 불타는 덤불과 차갑고 투명한 별들의 지대를
통과하여 하늘 높이 상승했다. …

갑자기 관자놀이가 조여들고 무릎에 아픔이 느껴지면서, 나는 아토스산 위에 있는 성모마리아의 성소 이비론 수도원과 바닷가의 이베리아 수도원이 캄캄한 어둠에 싸인 채 눈앞에 펼쳐지는 환상을 보았다.

동쪽 하늘이 최고조로 달궈진 쇠붙이처럼 붉게 물들었다. 그리고 잔잔한 바닷가에서, 세상 아주 낮은 곳에서 예쁜 달걀 모양의 해가 떠오르기 시작했다. 사방에 빛을 발하며 떠오른 해는 백대리석으로 된 이집트 항아리처럼 유연하게 부풀어 올랐다.

항아리는 모든 것에 대한 헌신이며, 육체에서 살을 떼어내 고통스럽게 바치는 절대적인 봉헌, 내세를 향한 포기, 자기 자신이 아닌 타자를 향한 쓰라린 봉사인 것이다.

그 시간 그곳에서 벌어진 집단적 열광 속에서 우리는 더 이상 자제하지 못하고 혼돈에 빠졌다. 열렬한 신앙으로 신에게 바쳐진 지하 예배당에서 우리는 각자 가슴을 에는 감동을 느꼈다. 우리는 가슴을 열고, 마음을 열고, 심장을 끄집어내, 숨을 헐떡거리며 순례자들이 피운 모닥불 속에 던져야 할 것이다. 모닥불의 형태는 사람들이 올리는 기도에 따라 이미지가 다채롭게 변한다.

바람과 구름으로 가득한, 그리고 높고 널찍한 무한의 공간이 거무스레하니 빛을 잃은 듯 보였다. 고성소古聖所*에 머무는 동안 나는 성스러운 의식의 놀라운 국면을 경험했다!

다섯 개의 돔 지붕은 모래와 파도가 맞닿는 어둡고 잔잔한 바닷가에서 빛나는 다섯 개의 하얀 조개껍질이었다. 소후진小後陣과 대들보의 이음고리, 천장이 경사진 반원 모양을 이룬 현관 입구가 군중으로 인해 활기를 띠고 있었다. 군중은 교회 앞뜰에서 무리를 지어 왔다 갔다 하다가 구내식당 식탁 앞에 앉았다. 이곳 이비론 수도원은 어슴푸레한 네 개의 날개를 갖고 있는데, 그중 세 개는 바다를, 나머지 한 개는 산을 바라보고 있다.

우리는 크리산토스 신부가 안내해준 성직자석에 몇 시간 동안 서서 비슷비슷한 의식을 참아냈다. 크리산토스 신부는 우리 왼쪽에 앉아 성가를 불렀다.

환각이 보일 정도로 피곤했다. 생각해 보라. 오후가 한창일 때 뜨거운 열기를 참으며 굶주린 배로 산에서 내려왔고, 엿새 전에 머무른 적이 있는 이 수도원을 다시 방문했으니 말이다. 우리는 다시 이곳을 방문한 이유를 손짓발짓해 가며 설명했다.

"성모마리아 축일 때문에 왔습니다. 음악과 의식에 당신들과 함께 참여하며 공감을 느끼기 위해서요."

우리가 배고픈 것을 알 리 없는 순진한 크리산토스 신부는

'우정 어린 태도'로 우리를 예배당 쪽으로 데려갔고, 우리는
순례자들이 빽빽하게 들어찬 어두운 공간 안으로 들어갔다.
예배당 좌우 날개 부분에 향이 타오르고 있었고, 그는 주교석을
마주 보는 널따란 빈 공간으로 우리를 안내했다. 옆에는
성상 벽이 우뚝 서 있고, 가지가 많이 달린 촛대에서 초들이
타오르고 있었다. 의식과 음악 연주를 지켜보기에 좋은 자리를
내준 것이다. 우리가 그것 때문에 다시 방문했다고 말했기
때문인 듯했다. … 짜증스러운 가운데 자정이 지나갔다.
성직자석에 선 우리는 지루함 때문에 초췌해졌다. 극한의
상황 속에서 새벽 2시가 되었다. 불쌍한 노인들은 찌푸린 얼굴을
무릎에 묻고 졸았다. 제단에서 매우 가까운 곳에 자리 잡은
우리는 배가 고파 죽을 것 같은 상태로 모든 것이 끝나기만을
기다렸다. 그러나 음악의 고문은 더욱 격화되었다. 나는 현실에서
도피하고자 잊힌 시간 속을 떠돌기 시작했다. 가련하고
보잘것없는 내 존재 너머를 방랑했고, 내가 떠나온 친구들과
지인들이 잠자고 휴식을 취하는 어둠에 덮인 지붕들을
상상해 보았다! 도대체 나는 그 어떤 사악하고 절대적인 열광
때문에 모든 사람이 시체처럼 잠자는 시간에 이 돔 지붕 밑에서
환각을 볼 정도로 헐떡이며 기도하고 있단 말인가?

특별히 초빙된 테살로니키의 주교는 보라색 제의를 입었다.
그가 하늘의 밀사로서 사명을 띠고 이 지하 예배당에서
미사를 주재할 것이다. 주교는 아침까지 서서 말도 하지 않고,
움직이지도 않고 미사를 주재할 것이다. 힌두교적인 광경,
구시대의 광경, 지금은 사라진 과거의 사람들이 행하던
소름 끼치는 숭배의 광경이 아닌가! 미사에 참여한 사람들이
대부분 조는 바람에 예배당 안에는 침묵이 내려앉았다. 사람들은
그 자리에서 졸거나 아니면 뜰 구석이나 의자가 놓인 다른 홀에
가서 주저앉았다. 졸지 않고 예배당 안에 머물러 있는 사람들은
더욱 자부심을 느끼는 듯했다. 새벽이 되면 예배당은 다시 기도로
불타오를 것이다! 오후의 빛 속에서 첨탑 꼭대기에 올라가
기도시간을 소리쳐 외치는 무에진도 이들에 비하면 아무것도
아닐 것이다. 스쿠타리의 이슬람교 수도승도 이렇게 부드럽고
간절한 열광을 갖지는 않았었다. 마음의 외침 그리고 야수들의
외침, 야행성 새들의 울음소리. 한껏 부풀어 오른 관자놀이는
마치 폭발할 것 같고, 이마의 동맥은 마디가 굵은 밧줄 모양을
그린다. 단조로운 노래를 한결같이 고집스럽게, 열정적으로
부르던 네다섯 사람이 경련이 이는 얼굴을 성직자석 난간에
기대고 돔 천장 쪽을 바라보았다. 무한한 평화가 엄청난 비탄에

빠진 우리를 감쌌다. 밤, 바다, 산, 사람들, 초와 향의 연기에 질식하는 돔 천장, 염려스러운 호소의 외침과 아우성. 마침내 나는 눈을 감으면서 금빛 별들이 박힌 검은 수의를 보았다. 내가 수의를 입고 있었다!

    우리는 마치 꼭두각시 인형처럼 다른 사람들을 따라 구내식당 쪽으로 갔다.

오랫동안 눌러온 노여움이 다시 일어나 곧 폭발할 것만 같았다. 수도원, 총안이 뚫린 성벽과 구시대의 성채, 그리고 하인(또는 하층민), 혹은 천사의 아름다움, 유폐, 아첨하는 순례자들, 황홀한 맛의 과일 절임, 포식자들, 선하고 말로 표현할 수 없이 친절한 카라칼루의 두 사제. '황금꽃'이라는 뜻의 이름을 가진 사제는 조심성이 참 많았지만 은근히 아양 떠는 구석이 있었다. 아, 생기로 부풀어 오르고 기쁨에 젖은, 포도덩굴이 꿈틀거리는 자연의 감미로움이라면 나는 질릴 만큼 경험했다. 그런 것은 황홀경에 빠진 순례자들이 몰려왔다 몰려가는 이 바다 앞에서 매일같이 펼쳐진다!

    한 번 더 말하지만 이곳에서는 여자들을 볼 수 없다.

뿐만 아니라 동방에는 모든 것이 결핍되어 있다. 주먹다짐도 없고, 전투도 없고, 전쟁도 터지지 않는다. 동방에서 여자는 단지 눈으로 보기 위한 원초적인 자극제다. 아이들도 보이지 않는다! 나는 이런 일이 있을 수 있다고 한 번도 생각해 본 적이 없다! 그래서 이 사실에 특히 마음이 아팠다! 아기도, 당나귀 새끼도, 비둘기 새끼도 없다.

호전적인 감각은 모두 사라지고, 외로운 수컷들은 불안감에 사로잡힌다. 하지만 그게 뭐 어떤가? 남자들은 우중충한 홀 안에서 구제 불능의 고뇌나 음침한 감정을 쌓아두고 악화시킨다. 그리하여 무엇이 남는가? 남지 않는다! 도망쳐야 하리라. 성스러운 산과 그 염려스러운 감미로움에서 도망쳐야 하리라. 혹은 카라칼루의 건강한 사제들처럼 개암나무와 올리브나무를 가꾸거나 밀밭에서 일하거나 홀과 담벼락을 칠해야 할 것이다. 아니, 이것도 아니다. 왜냐하면 저녁이 되면 거기서는 손을 축 늘어뜨린 채 상념에 잠기거나…… 대화 상대를 찾아 서성여야 하기 때문이다. 오, 아토스에서 보낸 시간은 서글펐다. 하지만 내 마음속에는 고마움과 감사, 애정이 소용돌이친다.

가차 없이 내리쬐는 강렬한 태양, 언제나 변함없고 가슴 아픈 바다. 오, 그러니 투쟁하고, 움직이고, 외치고, 창조해야 하리라!

모든 것이 마비되고 잠잠한 가운데 공간이 무너지는 느낌이 든다.
흐릿한 도취감 속에서 무의식적인 계획들이 솟아오른다.
예상치 못한 소란 속에서 갑작스러운 희망이 모습을 드러내고,
배가 닻을 올리고 출발하고, 미끄러져 나아가고, 바닷물을
출렁이고, 거기에 잠기고, 남쪽으로 단호하게 방향을 튼다.
우리는 온갖 종류의 사람들 사이에 드러누워 보름달 아래서
짙푸른 바다를 바라본다. 뒤에서는 아직도 거대한 대리석
삼면체가, 성스러운 피라미드가 우리를 지배하고, 그 이름을
나지막하게 중얼거리는 우리를 위해 검은 수도사들이 사는
성채가 자신의 측면을, 하늘의 별처럼 총총히 박힌 성벽 꼭대기의
방어용 요철과 벽을 보여주었다.

    비할 데 없는 평온함과 기다림을 간직한 동방의 영혼이
비극적으로 잠복해 있다가 노래로, 멜로페로, 찬송가로, 목구멍과
코에서 나오는 외침으로 표현되었다. 이 모든 것이 크고 아름다운
모양의 기타 반주에 실려 노래를 사랑하는 사람들의 신중한
경청 속에서 흘러나온다. 서로 알지 못하는 여행객 중에는
노래를 사랑하는 사람이 매우 많았다. 개인 혹은 회사에서
운영하는 그 배에서는 등급 구분이 두드러지지 않았다.
승무원들도 우리와 한데 섞여 그 노래를 들었다. 배 안에는

예루살렘으로 가는 사람들도 있었다. 우지°나 키예프에서
도망치는 사람들이었다. 메카로 가는 페르시아 사람들과
캅카스 사람들도 있었다. 터키의 징병을 피해 미국으로 가는
사람들도. 그들은 갓 열아홉 살 난 젊은이들이다. 아크로폴리스를
보러 가는 우리를 포함해 이 수상쩍은 배에 탄 모든 사람이
꿈과 열망을 품고 있다.

아직 밤이다. 우리의 시야는 검고 감미롭다. 아토스산은
시야에서 사라졌다. 그러나 수많은 별이 그곳에 남아
반짝이고 있다!

---

1 동방 나라들에 전해 내려오는 자비롭지만 제멋대로인 요정.

파르테논신전 •

나는 이 땅 전체를 붉은 황갈색으로 정의하겠다. 흙에 초목이 없어 마치 구운 점토처럼 붉게 보이기 때문이다. 넓은 땅 위에는 가끔 검은색과 회색의 자갈이 번갈아 가며 나타난다. 유일한 제약이 있다면 가파른 산에 비죽비죽 솟은 바위이다. 바위는 오랜 세월과 파도에도 울퉁불퉁한 외양을 누그러뜨리지 않은 채 수많은 작은 만으로 흘러 들어간다. 비죽비죽 솟은 바위들은 넓고 건조하고 황량한 붉은 땅 경계까지 이어진다. 엘레우시스•에서 아테네로 가는 여정 내내 주변 풍경이 그러했다.

바다는 언제나 그 자리에 존재한다. 수평선 너머에 솟은 산봉우리를 배경으로 펼쳐진 바다는 정오에는 어슴푸레하고, 해가 저물어감에 따라 붉게 타오른다. 긴장한 듯한 그 풍경은 뾰족한 아토스산의 이미지를 누그러뜨리던 무한한 배경과는 퍽 달랐다. 아크로폴리스언덕은 그렇게 닫힌 배경 한가운데에 홀로 솟아 있었다. 파도가 치는 피레우스• 왼쪽 언저리에

막 도착했을 때, 우리는 난바다가 거기서 멀지 않음을, 배들이 그곳을 드나든다는 사실을 알 수 있었다. 히메투스산과 펜텔리코스산, 매우 높은 이 두 개의 산이 큰 차폐막처럼 우리의 등 뒤에 펼쳐졌다. 서로 인접한 두 산은 맞은편 피레우스 항구의 자갈과 모래 하구로 시선을 향하고 있었다. 아크로폴리스 언덕의 평평한 꼭대기에는 패각 속의 진주처럼 흥미를 끄는 신전들이 있다. 우리가 오로지 진주 때문에 패각을 모으는 것처럼, 신전들은 그곳 풍경의 핵심을 이룬다.

얼마나 놀라운 광경인가!

어느 한낮에, 나는 끓어오른 납이 담긴 냄비 위의 더운 공기처럼 산이 진동하는 모습을 보았다.

그늘이 드리운 얼룩이 마치 구멍처럼 보였다. 미광이라고는 전혀 보이지 않았다. 주변 풍경의 붉은 색조가 신전에까지 전해졌다. 신전의 대리석은 창공 가까운 곳에서는 청동 빛깔을 띠지만, 가까이서 보면 구운 흙 같은 적갈색이었다. 그런 변화무쌍한 색깔은 지금껏 살아오면서 한 번도 본 적이 없었다. 육체, 정신, 마음이 한꺼번에 흥분해서 심장이 마구 뛰었다.

마침내 반듯하게 선 신전이 보였다. 황량하고 야만적인 풍경 속에서도 신전은 완전무결한 구조를 자랑한다. 강력한 정신의 승리다. 청동 나팔 소리가 날카롭게 울려 퍼진다.
기둥 위의 정교한 엔태블러처가 보는 사람을 공포에 떨게 만든다.
인간의 능력을 벗어난 필연에 대한 예감이 보는 이를 사로잡는다.
위대한 걸작 파르테논신전이 내 정신을 짓누르고 지배한다.
4시간 동안 걷고 1시간 동안 배를 탄 후에야, 파르테논신전이
바다를 바라보며 우뚝 선 정육면체의 자태를 드러낸 것이다. …

　나는 그 충격적인 자태에 넋을 잃은 채 몇 주를 보내고 나서야
정신을 차릴 수 있었다. 폭풍우라도 몰려와 신전이 내는 청동나팔
소리가 물에 잠겨버리기를 바랄 정도였다. …

　정말로 폭풍우가 찾아왔다. 굵은 빗방울 때문에 아크로폴리스
언덕이 단번에 하얀색이 되고, 신전은 잉크처럼 검은 히메투스
산과 펜텔리코스산 위에서 왕관의 보석 장식처럼 반짝였다!

날씨가 더운 한낮이었다. 뱃머리 위에 펼쳐놓은 천막이
더운 공기를 막아주었다. 우리는 건장한 체격에 표정이 활달하고
눈이 큰 러시아 여성 수학자 두 명과 이야기를 나누었다. 그녀들은
수다 떠는 것을 무척 좋아했다. 덕분에 책도 읽지 못하고 글도
쓰지 못한 채 몇 시간이 흘러갔다. 요리사가 문어 튀김이 담긴

접시를 가지고 나타났을 때야 저녁이 되었음을 깨달았다. 미케네의 문어 말이다. 우리는 뒹굴던 자리에서 일어나 밧줄 위에 앉았다. 사람들이 철제 사다리를 통해 주방으로 들어가 마실 물을 떠 왔고, 나무 술통에서 질 좋은 시칠리아 포도주도 따라왔다. 요리사는 시라쿠사 사람이었다. 우리는 그에게 말했다. "Diavolo, il vino e buono!(이 포도주 맛이 정말 좋네요!)" 우리가 아는 이탈리아어는 이것뿐이었다. 그러나 요리사는 기분 좋아했다. 주방에서 다시 올라오려면 중갑판에 매어놓은 황소를 지나쳐야 했다. 황소는 모두 팔백 마리로, 그저께 자정에 달빛이 환한 가운데 테살로니키에서 배에 실렸다. 테살리아 지방의 황소였다. 소들이 두 개의 난간 사이로 떠밀려오자, 기중기의 연결 부분이 삐걱거리면서 힘 좋은 갈고리가 황소 머리 위로 빠르게 내려왔다. 소의 뿔에 매듭이 걸리자, 그다음은 간단했다. 기중기의 갈고리가 육중한 황소들을 매달고 커다란 곡선을 그리며 위로 올라갔다. 그런 다음 화물창 바닥에 도착하여 기중기가 사슬을 풀면 황소는 겁에 질려 눈을 굴리며 항아리처럼 벌렁 나자빠졌다. 황소들은 흥분해 있었지만, 침착해질 새도 없이 코뚜레에 밧줄이 단단히 묶였다. 화물창 안에서는 등불 하나가 소 치는 사람 두 명의 민첩한 윤곽을 비추고 있었다.

하늘이 변모를 완수했고, 마지막 초록빛 광채가 바닷물 위에서
꺼져 들었다. 바다는 잠잠했고, 별 하나가 바닷물에 자기 모습을
비추었다. 어느새 갑판이 비고, 이제 남은 사람은 우리를 포함해서
서너 명 정도였다. 오귀스트는 연신 파이프에 담배를 채웠다.
감미로운 그 시간, 감동이 밀려왔다. 내가 사랑하는 동방에 대한
추억이 다시 떠올라 성상에서 볼 수 있는 금빛 광채에
섞여 들었다. 내 눈은 언제나 그렇듯 수평선에 고정되었다.
바다가 그렇게 잠잠하고 감미로울 수가 없었다. 당직 선원들이
짧은 밀담을 나누었고, 망루 담당 선원의 단조로운 발소리가
높은 선교船橋 위에서 울려 퍼졌다. 조종실 유리창을 통해
방향키를 돌리는 두 남자의 모습이 보였다. 모두 잠든 그 시간,
오직 내 심장만 마구 뛰었다.

   그 배를 타고 항해하는 동안, 나는 갑판에 양탄자를 깔고 누워
별빛이 아름다운 바다를 바라보며 지냈다. 아토스의 프로드로모스
수도원에서 산 여러 색깔을 섞어 짠 루마니아 양탄자였다.
세상 그 어떤 자장가가 진동하는 배 밑바닥을 따라 배를 축축이
적시는 파도보다 더 부드럽게 우리를 흔들어주겠는가. …
사람들이 오가는 발소리만 밤의 고요함을 흩뜨릴 뿐이었다.
동이 트기 전에 배는 뭍에 다다를 것이다. 이 커다란 배는

인내심을 갖고 이틀 전부터 쉬지 않고 항해를 했다. 배의 우현에
에보이아 섬*의 길고 어두운 산등성이가 보였다. 오귀스트와
나는 낮은 목소리로 이야기를 주고받았다. 무엇보다도
그날 저녁 저 불멸의 대리석을 볼 수 있을 거라는 생각에
가슴이 벅차올랐다.

    갑자기 뱃머리가 방향키의 연결점에서 한 바퀴 회전했다.
그러자 우리 뒤쪽의 바다를 제외하고 삼면에 뭍이 보였다.
이쪽이 아티카이고 저쪽이 펠로폰네소스 반도였다. 가까운
항구에 하얀 등대가 하나 있었다. 부르사와 스쿠타리의 산과는
사뭇 다른, 유난히 힘 있어 보이는 산봉우리도 보였다. 바다는
텅 비어 있었다. 이런 이른 아침에 콘스탄티노플에서 흔히
볼 수 있던 토마토와 채소 상자를 가득 실은, 뚱뚱한 풍뎅이 같은
작은 배들도 볼 수 없었다. 그래서인지 이곳의 갈색 땅이
더욱 사막처럼 느껴졌다. 항구의 간선도로 너머 아주 멀리에
아치 모양의 산이 보였다. 산에는 윗부분이 평평한 바위가
있고, 그 바로 오른쪽에 누런 정육면체 모양의 물체가 있었다.
아크로폴리스와 파르테논신전이었다! … 하지만 우리는
그것을 믿을 수 없었다. 감히 그런 생각을 할 수조차 없었고,
거기에 발걸음을 디딜 수도 없었다. 우리는 방향감각을 잃었다.

배는 항구로 들어가지 않고 항해를 계속했다.

표지판 역할을 하던 바위들이 어느 곳에 가려져 모습을 감추었다. 바다가 매우 좁아졌다. 배가 섬을 우회하는 중이었다. 맙소사, 열 척에서 스무 척쯤 되는 배가 노란 깃발을 올리고 섬 주변에 정박해 있었다! 콜레라를 뜻하는 불길한 깃발이었다! 흑해의 카바스, 마르마라 해의 투즐라에서 그 깃발을 본 적이 있었다. 그래서 확실히 알고 있었다! 추진기가 돌연 멈췄다. 닻이 내려졌다. 배가 정지한 것이다. 그리고 노란 깃발이 올라갔다. 아연실색한 광경이었다! 배에 탄 사람들이 어리둥절해하다가 일시에 웅성거렸다. 선장도 이리저리 분주하게 돌아다니며 화를 내고 고함을 질렀다. 작은 배들이 바다에 떠 있었다. 아테네의 승객들은 무질서했다! 엄청나게 혼란스러웠다. 작은 봇짐과 상자, 남자와 여자들이 급히 층계를 내려갔다. 고함과 욕설, 울부짖음이 온갖 언어로 들려왔다! 선원들이 우리를 작은 방파제로 인도했다. 거기에 챙 달린 하얀 제모를 쓴 남자가 있었다. 그 남자는 부자처럼 보이는 사람에게는 지나치게 굽실거리고, 가난한 사람은 함부로 대했다. 살이 통통한 그 남자는 행정 공무원이었다! 철책이 둘린 울타리 너머로 마흔 채가량의 막사가 보였다. 검역소였다!

황량한 섬 위에 설치된 검역소는 광장처럼 넓었다. 검역이라는
것도 상식과는 거리가 먼 행정적 절차일 뿐이었다. 마흔 채의
막사는 불결하기 짝이 없어서 오히려 콜레라의 온상이 될 것
같았다. 여기서는 공무원, 저기서는 상스러운 무뢰한이 설쳐댔다.
그리스 정부로서는 부끄러운 일이었다. 그들은 우리를 나흘간
거기에 붙잡아두었다. 우리는 나무 한 그루 없는 그 지독한
섬에서, 불타듯 이글거리는 하늘 아래서 낯모르는 사람들과
함께 잠을 자야 했다. 잠자리에는 벼룩과 집게벌레들이 들끓었다.
거드름 피우는 상호를 내건 식당에서는 부정이 판을 쳤다.
식당 책임자로 보이는 사람은 물 1리터를 자그마치 40상팀에
팔도록 내버려두었고, 우리는 불결한 음식을 터무니없는
가격에 사 먹어야 했다. 1드라크마[1]도 귀한 가난한 사람들은
대체 어떻게 하란 말인가?

    그곳은 엘레우시스 맞은편 살라미스 만에 있는 성 조지
섬이었다. … 허수아비 같은 후손들로 인해 조롱받게 된
서사의 땅. 오, 이 비루했던 기억이 하루빨리 잊히기를!
우리와 아테네의 첫 대면은 한마디로 악몽이었다. 이 섬을 여행한
사람들이 기록한 내용도 우리가 겪은 것과 별반 다르지 않다.
아니, 꼭 그런 것만은 아니다. 맹목적이고 편협한 애국심 때문에

어린아이처럼 열광적인 찬사만 퍼부은 기록도 있다. 그 기록에는 파파풀로스, 다노풀로스, 니콜레스테오스, 피타노풀로스 등의 이름이 서명되어 있다. 비열하고 파렴치하며 면책특권을 가진 행정관들이 저지른 짓이 틀림없다. 행정관들은 그 대가로 명예로운 상을 받았을지도 모른다.

내 심장이 뜨거워졌다. 오전 열한 시경 드디어 아테네에 도착했다. 그러나 나는 곧바로 '저 위'에 올라가지 않아도 될 수많은 핑계를 생각해 냈다. 마침내 나는 선량한 친구 오귀스트에게 함께 올라가지 못할 것 같다고 말했다. 오귀스트는 내가 극도로 흥분해서 어쩔 줄 몰라 한다는 걸 알고 있었으므로 나를 혼자 내버려두었다. 나는 오후 내내 커피를 마시면서 우체국에서 가져온 우편물을 하나하나 읽어보았다. 5주 전부터 쌓인 우편물이었다. 그런 다음 해가 빨리 떨어지기를 기다리면서, '저 위'에서도 하루가 빨리 마감되기를 기다리면서 거리를 돌아다녔다. 해가 완전히 지자 잠자리에 드는 것밖에 할 일이 없었다.

사실 아크로폴리스를 보는 것은 감히 실현할 생각은 하지

못하고 마음속에 품기만 하는 하나의 꿈이었다². 그 언덕이
왜 예술과 사상의 중심지인지 나는 잘 몰랐다. 다만 그곳의
신전이 완벽한 모습을 지니고 있고, 다른 어느 곳에서도
볼 수 없는 매우 특별한 건축물이기 때문일 거라고 생각했다.
나 또한 다른 사람들처럼 그 신전이 예술의 척도이자 미의
기준이라는 사실을 인정했다. 하지만 하필이면 왜 다른 것이
아니고 그 신전인가? 나는 그 이유를 논리적으로 설명할 수
있을 거라고 생각했다. 그러나 사람들을 그곳으로 이끄는 것은
논리보다는 취향인 것 같았다. 그렇다면 우리는 왜 때로
벗어나고 싶은 욕구를 느낌에도 불구하고 그곳으로 이끌리는가?
우리는 왜 여기로, 아크로폴리스로, 신전의 발치로 찾아왔을까?
나로서는 설명이 불가능한 문제다. 나는 이미 다른 시대의,
다른 나라의, 다른 민족의 예술 작품에 여러 차례 열광했다!
하지만 그것이, 파르테논신전이 돌로 된 기반부로부터
높이 솟아오를 때, 나는 그 신전이 수많은 다른 예술 작품과
비교해 이론의 여지 없이 우월하다는 사실에 화를 내면서도
몸을 굽혀 경의를 표할 수밖에 없었다. 왜?

    기탄없이 고백하자면, 나는 그런 확신을 이슬람 예술에서도
이미 느낀 바 있었다. 그 확신 때문에 100개의 청동나팔이

내 귓가에서 폭풍우처럼 울려대지 않았던가. 하지만 스탐불은 20일간의 열망과 끈질긴 작업 후에야 자신의 비밀을, 그런 확신과 감동을 나에게 넘겨주었다. 프로필라이온*을 넘을 때 나는 그 사실을 떠올리면서 혹시라도 내가 쓰라린 환멸을 경험하지는 않을까 염려했다. …

그러나 웬걸! 격렬한 전쟁터 같은 분위기에서 모습을 드러낸 그 웅장한 모습에 나는 깜짝 놀라 정신을 차리지 못했다. 신성한 언덕에는 열주列柱를 구성하는 기둥들이 하늘 높이 뻗어 있었고, 독특한 청동색의 사각형 주신이 엔태블러처를 머리에 인 채 돌로 된 정면을 높이 받치고 있었다. 아래쪽을 받치는 스무 개의 계단은 지지대 역할을 하는 동시에 신전을 더욱 승화시키는 역할도 했다. 그곳에는 하늘과 신전, 여러 세기에 걸친 약탈로 괴로움을 당한 포석 말고는 아무것도 존재하지 않았다. 다른 생명체는 찾아볼 수 없었다. 존재하는 것이라고는 이 신전에 돌을 공급해 준 펜텔리코스산과 상처 입은 대리석 같은 옆구리를 드러낸 채 호사스러운 자줏빛을 자랑하는 히메투스산뿐이다.

인간을 위해 지은 것이 아니기 때문인지 계단은 단이 너무 높았다. 나는 세로로 주름이 파인 네 번째와 다섯 번째 기둥 사이 통로를 지나 신전 안으로 들어갔다. 옛날에는 신과 사제들만 출입할 수 있는 곳이었다. 뒤를 돌아보자, 펠로폰네소스 반도와 바다 전체가 눈에 들어왔다. 바다가 근사했다. 방금 전 둥근 해가 비추던 산봉우리는 어느새 어두컴컴해졌다. 언덕 꼭대기 프로필라이온의 포석들 위에 솟은 신전은 현대생활의 자취를 모두 앗아가며 우리를 단숨에 2,000년의 과거로 데려갔다. 파괴적이고 가혹한 서사시가 우리를 사로잡았다. 나는 계단에 주저앉아 손에 머리를 파묻고 돌연한 충격에 몸을 떨었다.

따가운 마지막 햇살이 신전의 메토프*와 매끈한 아키트레이브를 비추고는 기둥 사이를 지나 주랑 깊숙한 곳까지 흘러 들어갔다. 햇살이 더 오래 신전에 머물렀다면 그늘 밑에서 잠자던 신상神像까지 벌떡 일어났을지도 모른다.

기둥이 끝나는 곳의 세 번째 계단 위에 서서 얼굴을 드니 아이기나만*이 보였다. 왼쪽 어깨 너머에는 선명한 세로 홈이 새겨진 기둥들이 육중한 벽처럼 서 있었다. 기둥은 강철로 된 방탄벽처럼 튼튼해 보였다. 처마 장식 돌의 물방울 모양 돌기는 마치 리벳을 박아 고정해 놓은 것 같았다.

해가 땅거미를 드리울 때면 날카로운 호루라기 소리가 방문객들을 쫓아낸다[3]. 너덧 명의 순례자들이 프로필라이온의 하얀 문턱을 다시 넘어간다. 세 개의 문 중 하나를 지나면, 발 앞에 계단이 어슴푸레한 심연처럼 입을 벌린다. 한 발을 내딛는 순간, 유령처럼 떠도는 과거와 필연적인 현재가 만나 빛으로 반짝거리는 것을 전율 속에서 경험할 것이다.

    돌을 깎아 만든 20미터 높이의 받침대 위에 '날개 없는 승리의 여신 신전*'이 왼쪽의 오렌지빛 바다를 굽어보며 서 있다. 타는 듯 붉은 하늘을 배경으로 선 프로나오스에는 이오니아식 기둥이 실루엣을 드리우고 있다. 승리의 여신에게 헌정된, 날렵하게 다듬어진 석조 구조물들이었다.

    감미로운 석양이 드리우는 시간, 우리는 고조되었던 흥분을 가라앉히기 위해 활기차고 깨끗한 길거리를 오랫동안 산책했다. 첫날 저녁, 옆에 있던 친구는 약속이라도 한 듯 침묵을 지키며 내 마음을 평화롭게 만들어주었다.

언덕 꼭대기 계단들이 신전을 둘러싼 채 조여들고, 신전은 하늘을 향해 기둥을 뻗어 올렸다. 파르테논으로 올라가는 경사로에는 바위를 깎아 만든 계단이 신전의 첫째 담장까지 이어져 있었다. 그러나 순도 높은 대리석은 앞으로 불쑥 나와 있어서 사람들이 올라가는 데 결정적인 장애물이 되었다.
사제들은 신상 봉안소에서 나와 주랑 아래 서서 프로필라이온
너머로 보이는 수평선과 바다에 몸을 담근 먼 산봉우리를
바라보았을 것이다. 신전이 서 있는 하구 안쪽 깊은 곳에서
태양이 신전을 축으로 반원을 그리며 지나갔다. 한여름 더위
속에서 태양은 저녁이면 정확히 신전과 같은 축에서 이울었다.
고원을 왕관처럼 둘러싼 돌은 삶의 모든 의혹을 흩뜨리는
재능을 가진 듯했다. 나는 완전히 얼이 빠진 채 먼 바다를
바라보며 상념에 잠겼다. 신전과 바다, 산봉우리, 돌이 현실을
초월할 정도로 아름다웠기 때문일 것이다. 그것들은 가장
창조적인 영혼들로 하여금 1시간 동안 몽상에 잠기게 한다.
대단하지 않은가!

이 구체적인 인상은 가슴을 부풀게 하는 깊은 호흡처럼
생생하게 전달된다. 대단한 희열이 우리를 포석이 없어져
벌거벗은 바위산으로, 미네르바신전le Temple de Minerve에서
에레크테우스신전*으로 밀어대는 것이다. 주랑 아래에서
올려다보면 위압적인 파르테논신전이 수평의 엔태블러처를
머리에 드리우고 있다. 신상 봉안소 위쪽에 아직 남아 있는
메토프에는 날렵하게 말을 달리는 기사들의 형상이 새겨져 있다.

나는 눈이 나쁘지만, 신전 상층부를 이루는 이 모든 것을 손으로 직접 만지는 것만큼이나 뚜렷하게 볼 수 있었다.

    벽면이 양각된 조각의 입체감만큼 정확하게 하중을 받치고 있었다. 일정한 간격을 두고 선 여덟 개의 기둥은 무게감이 느껴지지 않아서 인간이 세운 것이 아니라 땅속 깊은 곳에서 솟아난 것 같다. 기둥의 힘찬 융기와 돋을무늬로 새겨진 줄무늬를 따라 천장을 올려다보면, 원기둥 머리 부분 아키트레이브의 반들반들한 띠 장식을 볼 수 있다. 프리즈 부분에 있는 여러 개의 메토프와 처마 밑에 리벳처럼 박혀 있는 물방울 모양의 돌기, 그리고 트리글리프도 볼 수 있다. 여기서 시선을 왼쪽으로 돌리면 박공의 끝 쪽 기둥이 보이는데, 대리석을 다듬어 만들어낸 기하학적 조화가 놀랍다. 그것은 설계 기사가 수학적 정밀성을 최대로 발휘하여 만들어낸 정성이 깃든 작품이다. 꼭대기에 중심점을 두는 서양식 박공은 산과 바다, 태양과 조화를 이루었다. 나는 이 어마어마한 대리석 건축물이 마치 새로 만든 종처럼 잘 퍼지는 울림을 가졌다고 생각한다. 이 건축물은 세상을 향해 신탁의 준엄한 목소리를 전하고 있는 것이다. 이 폐허에서 들려오는 설명할 수 없는 울림은 감각과 이성 사이에 깊은 골짜기를 파고 있었다.

거기서 백 걸음 떨어진 곳에는 길들일 수 없는 괴물 같은
신전 하나가 반들반들한 벽 위에서 대리석을 활짝 꽃피우고
있었다. 즐겁게 미소 짓고 있는, 네 개의 얼굴을 가진
에레크테우스 신전이다.

    이 신전의 건축 양식은 이오니아식이다. 엔태블러처는
페르시아풍이다. 이 신전은 보석, 상아, 흑단으로 상감한 값진
황금 같았다. 놀랄 만큼 매혹적인 아시아의 성소가 엄격한
시선과 불안감을 감추고 있다면, 이 신전은 고맙게도 정말로
미소를 머금고 있었다. 이 문제에 대해 이야기하려면 시간이
많이 필요할 테니, 아크로폴리스언덕으로 다시 돌아가도록 하자.
파르테논신전을 마주 보는, 돌로 된 이 신전에서 처음으로
톱니 모양 장식이 나타난다. 옷을 입은 여섯 여인이 신전의
엔태블러처를 머리로 받치고 있다. 여인들은 깊은 생각에 잠긴 듯
엄격한 표정이지만 동시에 즐거운 미소를 머금고 있는데,
그 미소는 조금 어색한 듯 보이면서도 전율을 느끼게 한다. 좀 더
구체적으로 표현하자면, 너그러우면서도 우월함을 드러내는
표정이라고 할까? 하지만 네 개의 면을 가진 이 쾌활한 신전은
모든 방향이 각각 다른 모습을 보여준다. 수련과 아칸더스,
종려 잎사귀가 새겨진 프리즈가 신전을 장식하고, 아키트레이브에

뚫린 뚜렷한 구멍들은 승리의 기쁨을 표현하는 무용수의 몸짓 같다. 돋을새김으로 조각된 대리석은 몇몇 박물관에서 본 적이 있는 듯했지만, 어느 박물관이었는지 정확히 기억나지 않았다. 북쪽 사면에는 언덕 하나가 절벽을 이루며 불쑥 나와 있고, 옛 기둥의 초석들이 피레우스의 돌로 쌓은 수직 담장과 함께 뒹굴고 있었다. 나는 이 그리스식 회랑의 잔해 속에서 말로 표현하기 힘든 애수를 느꼈다. 새로 쌓아 올린 돌과 지면에 잔뜩 널린 유적의 잔해 속에 자리 잡은 프로필라이온 앞에 앉아 휴식을 취하면서 파르테논의 이름을 더듬거리며 불러볼 뿐.

여러 날과 몇 주가 마치 꿈처럼, 악몽처럼 지나갔다. 눈부신 아침, 취한 듯 나른한 한낮이 지나면 오후가 왔고, 감시인들의 호루라기 소리가 세 개의 커다란 문이 뚫린 벽 저쪽으로 우리를 내치면 저녁이 왔음을 알 수 있었다. 나는 어두워지기 시작하는 그 시각까지 자리를 떠날 줄 몰랐다.

우리 같은 건축가들이 이렇게 배우고 명상하는 것은 유익하고 좋은 일이다.

아크로폴리스의 신전들은 2,500년의 역사를 갖고 있다. 그러나 15세기 이래 더 이상 관리되지 않고 방치되었다. 폭풍우 같은 자연재해로 인해 야위었을 뿐 아니라 지진도 겪어야 했다. 그러나 더 무서운 것이 있었다. 악한 인간들이 뜻밖의 행운에 어안이 벙벙하여 이 언덕을 차지해 버린 것이다. 그 사람들은 대리석 포석에서, 돌로 된 벽에서 필요로 하는 것을 마구잡이로 탈취하여 벽토와 자갈을 섞어 자기들이 살 오두막집을 지었다. 터키인들은 그것으로 요새를 만들었다. 그들의 대포는 이 언덕에 조준점을 맞추었다! 마침내 1687년 어느 화창한 날, 파르테논신전은 화약고가 되어버렸다. 포탄 하나가 날아와 신전에 구멍을 내고, 화약에 불이 붙어 폭발해 버렸다. …

 파르테논신전은 그렇게 찢기고 부서졌다. 하지만 완전히 무너지지는 않았다. 스무 개의 기단 위에 세워진, 세로 홈이 파인 기둥들에서 초석의 접합부를 찾아보라. 아무리 살펴도 찾아내기 힘들다. 손가락을 갖다 대고 각각의 대리석이 세월의 흐름에 따라 조금씩 달라진 고색古色을 식별해 보려 해도 그 흔적을 느낄 수 없다. 엄밀하게 말하자면, 접합부는 존재하지 않는다. 세로 홈이 파인 힘 있는 기둥들만 마치 하나의 돌에서 탄생한 듯 우뚝 솟아 있다!

 프로필라이온 기둥 앞에 가서 배를 깔고 엎드려 그것들이 어떻게 탄생했는지 관찰해 보라. 우선, 여러분은 포석 깔린 바닥의 수평선이 이론 그대로 바다와 평행을 이룸을 알게 될 것이다. 널찍한 바닥에는 백대리석 판들이 지반을 형성하거나 불쑥 융기해 있다. 스물네 개의 세로 홈이 파인 기둥은 흠 없이 순결해서 경탄을 자아낼 것이다. 속이 파인 포석 둘레에는 2-3밀리미터 정도의 테두리 돌이 장식되어 있다. 2,000년 전에 만들어진 이것들은 여전히 섬세함과 정묘함을 간직하고 있고, 마치 조각가가 어제 끌을 가져다가 대리석에 깎아놓은 것처럼 생생하고 뚜렷하다.

 벽에 있는 세 개의 문 중 하나는 판아테나이아* 때 전차가 들어올 수 있도록 더 넓게 만들어졌고, 수많은 석재를 쌓아 만든 대리석 벽면은 손으로 만져보고 싶을 정도로 반듯하고 매끈하다. 표면이 유리처럼 매끄러워서 석재의 핏줄이 밖으로 드러날 것만 같다. … 오, 그러나 폭발로 인해 튀어나온 파편에 대해서는 이야기하지 말자! 이런 탁월한 예술품을 손상시킨 일을 생각하면 여러분도 나처럼 큰 부끄러움을 느낄 것이다. 더구나 20세기를 살아가는 우리들이 이 신전에 한 일을 생각하면 할 말이 없을 것이다.

 파르테논신전 왼쪽에 있는 기둥들은 쓰러졌던 것을 다시 일으켜 세운 것인데, 마치 얼굴 가득 하얀 분을 바른 사람 같다.

일정한 간격을 두고 배열된 그 원주의 초석들이 그렇고, 연결고리가 끊어진 벽기둥이 그렇다. 사람들은 그것이 신전의 기둥이라는 사실을 상상하지 못했다. 가까이서 그 웅장함을 눈으로 확인하지 않고서는 그 기둥들이 익티노스*의 작품이라는 사실도 믿지 못했다. 기둥은 지름이 사람의 키를 넘는다. 아크로폴리스에서 통용되는, 인간의 규모를 넘어서는 대규모의 치수다. 기둥의 지름이 키 작은 중부 유럽 사람이나 포도나무의 키 정도라면 상상이 되는가!

한 덩어리로 이루어진 처마도리 아래에는 커다란 엔태블러처가 있고, 그 하중을 기둥에 전달하는 기둥머리 장식 세 개가 둥근 고리로 연결되어 있다. 고리의 두께는 1푸스* 정도지만, 밀리미터 단위의 오차범위조차 허용하지 않을 정도로 정밀한 기술을 자랑한다. 고리의 두께나 기둥의 길이가 조금만 달라져도 감지할 수 없을 정도의 일그러짐이 그것들을 무너뜨릴 것이다. 처마 그늘 밑에서 잔해 속에 숨겨진 이런 특별한 진실을 찾아내고, 그것을 심사숙고하고, 그 필수 불가결한 기능을 확인하는 일이 얼마나 즐겁고 황홀한 일인지 모른다[4].

나는 아크로폴리스의 비밀을 폭로하는 햇빛 아래에서 힘든 시간을 보냈다. 상처받은 아크로폴리스가 폭력에 폭력으로,

예술에 예술로, 의심 어린 눈초리로 모습을 드러내는 시간.
헬레니즘이 그 속에 뚜렷한 특징을 드러내고, 익티노스,
칼리크라테스, 페이디아스 등 건축가들이 구현한 최고의
수학적 정교함이 기둥머리 장식의 둥근 연결고리 하나하나에
새겨져 있다.

    건축 예술에 한 시간이라도 종사해 본 사람들, 죽은 재료에
생생한 형태를 부여하는 임무 앞에서 머리가 텅 비고, 의심으로
의욕을 상실해 본 사람들은 이 파편 한가운데서 두려움을
느낄 것이다. 그리고 말 없는 돌이나 풀에게 혼잣말로 중얼거리는
나를 이해할 수 있을 것이다. 나는 다시 일을 시작하지 못할지도
모른다는 무거운 예감을 어깨에 짊어진 채 아크로폴리스
언덕을 떠났다.

나는 여러 날 저녁 아크로폴리스가 내려다보이는
리카베투스언덕에 올라 현대화된 도시의 환한 불빛과
아크로폴리스언덕의 파손된 부분과 그 위에 서 있는 대리석
신전을 바라보았다. 아크로폴리스언덕에 서 있는 파르테논신전은
한때 약탈된 수많은 보물이 줄지어 옮겨지던 길목을,

피레우스 쪽을 굽어보고 있었다. 스러져가는 햇빛이 붉은 땅 위의 바위와 비극적인 잔해들을 비추었다. 목말라하는 붉은 땅 위에 이우는 햇빛이 아크로폴리스와 신전에 검은 피를 응고시키는 듯했다. 구불구불한 빛이 비쳤다. 비극적인 잔해들을 감싸고 길게 누운, 현대적 삶이 활기차게 움직이는 곳으로 흐르는 냉정한 불빛이었다.

그리고 지옥의 장면들이 펼쳐졌다. 흔들리던 하늘이 바닷속으로 사라졌다. 펠로폰네소스 반도의 산이 모습을 감추기 위해 어둠을 기다린다. 굳어버린 모든 사물에 드리워진 밤의 풍경이 수평선에 배열된다. 대리석으로 된 검은 신전은 지상의 밤을 하늘에 붙잡아 매는 어두운 매듭 같았고, 어둠 속에서 솟아오른 신전 기둥은 강렬한 불빛 때문인지 불붙은 배의 현창에서 솟구치는 불꽃 같았다.

오늘 나는 자갈밭을 지나 거대한 풍경 전체를 돌아보았다. 1911년 동방을 휩쓴 콜레라에 맞서기 위해 유향수[5]를 너무 많이 마셨다. 대지가 혼수상태에 빠진 가운데, 고대의 신비들에 바쳐진 작은 만 하나가 열렸다. 엘레우시스였다! 내 상상 속에서 대리석 처마들이 수평선과 대화를 나누고 있었다. 그리고 낯선 방문객이 그들의 대화에 참여한다. 하늘은 온통 검다. 용광로가 엎어진 듯 청동색 물결이 만과 포구에 흘러들고, 섬은 마치 화산암 찌꺼기처럼 먼바다를 떠다녔다. 작은 열차가 나를 문명의 땅으로 이끌어주었다. 잠시 후, 나는 언덕 꼭대기에 이르렀다. 갑자기 구름이 일어나 무거운 공처럼 반원 모양의 만을 덮었다. 소나무 세 그루가 모래밭에서 몸을 배배 꼬고 있었다. 그리고 비죽비죽 돋아난 산이 부채처럼 펼쳐지는 분홍빛 노을을 배경으로 서서 짙푸른 밤기운이 하늘에 스며드는 모습을 지켜보고 있었다.

추위가 도취를 몰아냈다. 나는 여러 날 전부터 혼자였고, 베를린에서 출발하여 유럽을 가로질러 여기까지 여행한 지 일곱 달째였다. 나는 병 때문에 기력이 쇠해 있었다. 매일 저녁 그랬듯이, 어느 소란스러운 카페로 들어갔다. 날카로운 바이올린 소리가 내 마음을 파고들었다. 카페에서는 또 그 음악이 흘러나오고 있었다. 발전된 서유럽 문화를 전파하는 전령들.

오늘도 나는 유향수를 너무 많이 마셨다. 길에서는 사람들이 파리가 꼬인 시신을 창백한 얼굴을 그대로 드러낸 채 운반했다. 그리고 검은색 사제복을 입은 동방정교회 사제들이 보였다.

매 순간 저 위에서는 죽음이 자라난다. 그것을 처음 보았을 때 나는 큰 충격을 받았다. 경탄, 숭배, 압도감이 나를 휩쓸었다. 그리고 그것들은 내게서 도망쳤다. 그것은 내게서 사라졌다. 나는 거대한 기둥과 엔태블러처 앞에서 미끄러져 넘어졌다. 이제 더는 거기에 가고 싶지 않았다. 멀리서 보니 그것들이 마치 시체 같았다. 감동과 연민은 끝났다. 그것들은 우리가 피해 갈 수 없는 숙명적인 예술품이다. 거대하고 불변하며 진실처럼 냉혹한. 그러나 수첩에서 스탐불의 스케치를 보니 마음이 다시 뜨거워졌다! …

오늘 내가 전하는 메시지는 더욱 당당하다. 나는 고고학 협회에서 종이 상자 안에 분류해 둔 수많은 사진을 넘겨보다가 피라미드 사진 세 장을 발견했다. 모래언덕의 모양을 바꾸는 광대한 바람이 내 마음에서 오이디푸스의 불평을 휩쓸어갔다. 몇 주 동안 계속되던 마음의 흔들림도 흩어져버렸다. 나는 유명한 건축물을 돌아보았고, 이제는 이탈리아 어느 구석에 있는 수도원을 꿈꾸었다. …

나는 마음을 정했다. 이제 새로운 문화를 살펴보는 일은 그만둘 것이다. 피라미드의 유혹적인 몸짓이 강렬하지만, 나는 너무 지쳤다. 뱃머리는 키프로스가 아니라 칼라브리아*로 향할 것이다. 오마르 모스크도, 피라미드도 보지 않을 것이다. …

하지만 아크로폴리스를 내 눈으로 직접 보고 기록했으니 마음이 흡족하다.

오!

빛이여!

대리석이여!

단색이여!

박공들은 완전히 파괴되었다. 그러나 파르테논은 바다를 바라보고 명상하면서 여전히 굳건하게 서 있다. 또한 아크로폴리스는 사람의 마음을 사로잡고, 기도를 이루어주고, 승화시킨다!

추억의 즐거움이 나를 온통 사로잡고, 감각은 내 존재의 새로운 부분으로서 이제는 떼어놓을 수 없게 된 그 모습을 뚜렷하게 각인시켜 나에게 용기를 준다.

1 1드라크마는 약 1프랑에 해당한다. 참고로 말하면, 1911년 프라하에서 아테네까지 다섯 달 동안 여행하면서 나는 모두 800프랑을 썼다. 이 금액에는 내가 구입한 카메라 용품 가격도 포함된다.

2 이때는 1911년이었다.

3 그해에는 동방에 콜레라가 만연해서 방문하는 외국인이 별로 없었다.

4 동방여행 초기에는 높이가 20미터 이상인 건축물의 정확한 크기를 적어두는 습관이 아직 들지 않았다. 다행히 나에게 충격을 주는 크기의 중요성을 늦지 않게 인식했다. 이때부터 내가 '사람이 팔을 들어 올린 높이'라고 부르는 길이가 내 건축술의 핵심이 되었다.

4 유향수는 동방에서 독주처럼 음용되며, 1914년 전쟁이 시작되었을 때 프랑스에서는 금지되었다.

서유럽에서

나는 이탈리아의 모든 것에 감동을 받았다. 지난 넉 달 동안 나는 위엄 있는 소박함을 경험했다. 바다, 돌로 된 비슷한 모양의 산, 터키의 모스크, 목조 가옥, 묘지, 독특한 모양의 비잔틴 교회와 감옥처럼 닫힌 수도원이 있는 아토스산, 신전과 오두막이 있는 그리스. 그곳들은 불모의 땅이다. 그러니 삶이 작은 마을들에 집중되는 것은 당연하다. 그리고 이제 우리는 아무것에도 당황하지 않는다. 우리는 그것을 알고 있다. 브린디시에서 여기까지 오는 동안 나는 모든 양식, 모든 종류의 집, 모든 종류의 나무와 꽃, 풀들을 보았다! 산은 각기 고유한 모습을 갖고 있었다. 형상이 기묘했고, 바위도 모두 달랐다.

나는 터키 사람들을 알게 되었다. 그들은 예의 바르고 진중했다. 그들은 사물을 존중하는 마음을 갖고 있었다. 또한 그들의 작품은 거대하고, 아름답고, 위엄이 넘쳤다. 그 통일성과 조화가 어찌나 대단하던지! 그 불변성이 어찌나 경이롭던지!

어찌나 지혜롭던지! 주요 모스크의 안뜰에서 보낸 저녁들은 또 얼마나 아름다웠는가. …

우리 인간의 진보는 왜 추한가? 순수한 피를 지닌 저들이 왜 우리의 악한 면을 닮으려 하는가? 우리에게 예술적 심미안이 남아 있기는 한가? 그것은 그저 예술에서 만들어내는 메마른 '이론'이 아닌가? 우리는 결코 '조화로운 예술'을 만들어내지 못할 것인가? 우리에게는 두려움을 안겨주는 성소들이 남아 있다. 그러나 오늘 우리는 그 성소들에 대해 아무것도 알지 못한다. 성소들은 옛날 속에 존재할 뿐이다. 비극은 매우 큰 기쁨과 연결된다. 우리는 그 모든 것에 흔들린다. 그것은 완벽한 고독이기 때문이다. … 아크로폴리스언덕에서, 파르테논신전 계단에서, 우리는 그 너머의 바다와 오래된 진실을 본다.

나는 20대고, 더 이상 질문에 대답할 수가 없다. …

감수자 후기

사실, 개인적으로 르코르뷔지에는 별로다. 우선 내 취향이
아니다. 그의 건축에서 읽히는 중립적인 메스감도 싫고,
물성에서 느껴지는 건조함도 그저 그렇다. 무엇보다도 그의
모든 것이 하나도 빠짐없이 드러난, 세기를 초월한 유명세가
나를 지루하게 한다. 누군가는 이런 걸 '도끼 성격'이라고
했다. 아무리 좋았던 것도 유명해지면 흥미 없어지는 성격,
르코르뷔지에가 별로라고 생각하는 이유도 결국은
이것이다. 그의 건축과 사유에 대한 수많은 분석과 정의,
그 규격화된 감탄에 나만은 동참하고 싶지 않음이 솔직한
내 심정이다. 적어도 이 책 『르코르뷔지에의 동방여행』을
읽기 전까지는 말이다.

그렇다고 어느 날 갑자기 하늘에서 이 책이 내 머리에
뚝 하고 떨어진 것은 아니다. 동방여행은 르코르뷔지에가 지닌

과거일 뿐, 내 호기심을 당기지 않는 많은 것들 중의 하나였다.
하지만 이 책을 읽은 후, 르코르뷔지에에 대한 나의 입장은
많이 바뀌었다. 그것은 분명한 사실이다. 이 책은 그에 대한
지루하던 관념을 호기심으로 변화시켜 주었다. 그렇다고
갑자기 그가 흥미로워졌다고 말하지는 않겠다. 다만 이 책을
통해 그에 대한 인상적인 일면을 발견하게 되었다는 것은
분명하다. 내가 하고 싶은 말은 결론적으로 이것이다.
그러고 싶어서 이처럼 느끼하게 출렁거렸음을 시인한다.
그의 감수성, 정말이지 면밀한 그의 시선, 의미 없어 보일 정도로
순수하게 발동되는 호기심, 내가 흥미 없어 하는 그 전형의
건축가가 아닌, 20대 초반의 샤를 에두아르 자느레가
세상을 만나는 장면이 이 책에 담겨 있다. 무엇보다
인상적인 부분은 그가 이 여행 기록을 54년이나 지난 뒤에

책으로 만들었는데도 자느레와 르코르뷔지에를 연관시키지
않았다는 점이다. 여기에서 가장 끌린다. 정점에 안착한
건축가로서 이 여행 기록은 노화 방지용 재생 크림으로
충분히 효과를 발휘할 수 있었을 터인데도 말이다.

  이 『르코르뷔지에의 동방여행』은 반년 동안에 걸쳐서
그가 여행한 시간에 대한 이미지의 기록들을 모아놓은 책이다.
눈에 보이는, 그것이 그의 지각에 작용되는, 감성에 영향을 주는
모든 사물과 사람들의 움직임을 섬세하게 채집해 둔 영감의
추억록이다. 여기에는 보헤미아, 세르비아, 불가리아, 터키의
모습이 가득하다. 더군다나 터키에서의 기록은 그의 건축을
조금이라도 들여다본 사람이라면 호들갑스럽게 소리내어
공감할 수 있는 다량의 정황과 실마리가 곰실거리며 들어 있다.
예컨대, 터키의 전통 주택 코나크는 도시의 기능이 어떠해야

하는지에 대해 그가 전율로써 인식했음을 엿볼 수가 있다.
그는 코나크를 무엇보다 걸작이라 인정했다. 또 말했다.
'집은 살기 위한 기계machine à habiter'라고! 아포리즘으로
상징되는 그의 기계미학은 프랑스의 시인 테오필 고티에가
말한 코나크의 '그 닭장 같음'과 맥을 같이한다. 그래서일까?
르코르뷔지에는 근대를 넘어 현대 건축을 정의하는 거장으로
인식되는 동시에, 지금의 이 건조한 도시와 건축을 탄생시킨
장본인으로 통하기도 한다. 그가 구상한 '빛나는 도시 계획안'은
오늘의 우리가 누리는 도시의 풍경과 별반 다르지 않다.
그리고 터키에 머물며 기록한 '밝은 태양빛 아래 도시의
모든 것이 하얗게 빛나면서 녹색의 사이프러스가 어우러지는
풍경'은 그의 구상이 어디에서 발현되었는지를 짐작케 해준다.
 건축가에게, 예술가에게, 심지어는 세상을 살아가는

모든 이가 삶을 살아가는 과정에 있어서 여행이란 과연
어떠한 의미를 갖는지를 이 책은 재차 확인시켜 주었다.
그리고 여행 방법에 대해서도 기술적으로 충고해 주고 있다.
겨드랑이 사이로 따스한 공기가 스멀거리며 기어들어 오는
또 한 번의 봄이 찾아왔다. 가방을 꾸려야겠다.

2010. 5.
한명식

옮긴이 주

6쪽   페터 베렌스, Peter Behrens, 1968-1940
독일의 건축가, 디자이너.
1899년 헤센 공(公) 루트비히의 부름으로 다름슈타트
예술가촌에 참가하여 자기 집을 설계한 것을 계기로
건축가가 되었다. 뒤셀도르프 공예학교장, 전기회사
AEG의 디자인 책임자를 지냈으며 유명한 터빈 공장을
비롯한 공장 건축과 사원 주택, 제품 디자인 등에서
새로운 디자인의 가능성을 보여주었다. 이 시기
그의 사무소에는 후일 근대 건축의 거장이 된 그로피우스,
미스 반 데어 로에, 르코르뷔지에가 있었다.

내 형이자 음악가인
알베르 자느레에게

11쪽   알베르 자느레 Albert Jeanneret
알베르 자느레는 르코르뷔지에보다 두 살 위였으며
꽤 성공을 거둔 음악가였다. 르코르뷔지에는 형 알베르와
형수 로티 라프, 두 조카를 위해 자느레 주택을 설계했다.

11쪽   스탐불 Stamboul
현재의 이스탄불 구시가를 일컫던 명칭.
르코르뷔지에가 이 글을 쓰던 당시 이스탄불은
'콘스탄티노플'이라 불렸고, 1928년 터키의
초대 대통령 케말 아타튀르크의 개혁 이후
구시가와 나머지 지역을 통틀어 '이스탄불'이라는
명칭으로 통합되었다.

11쪽 헬레라우 Hellerau
       독일 드레스덴 근교 지역.
       당시 알베르 자느레가 이곳 음악학교에서
       공부하고 있었다.

12쪽 라 푀유 다비 la Feuille d'Avis
       르코르뷔지에의 고향인 스위스 작은 도시
       라쇼드퐁에서 발행하던 지방 신문.
       이 신문에 르코르뷔지에의 여행기가 연재되었다.

몇몇 인상들

16쪽 티어가르텐 Tiergarten
       독일 베를린 중앙에 있는 큰 공원.

16쪽 슈프레강 la Sprée
       하펠강의 지류로, 독일 북부를 흐른다.

17쪽 게르마니아 Germanie
       고대 로마인이 게르만인의 거주지에 붙인 이름.
       유럽 중부 도나우강의 북쪽. 라인강 동쪽에서
       비슬라강까지를 가리킨다.

18쪽 카를 베데커 Karl Baedecker, 1801-1859
       여행 안내서로 유명한 독일의 출판인.

20쪽   스케르초 scherzo
       활기 있고 경쾌하게.

20쪽   파수병 la Sentinelle
       라쇼드퐁에서 발행하던 또 다른 신문.
       르코르뷔지에는 이 신문에 자신의 기행문을
       싣기를 기대했지만 다른 신문에 실렸다.

       라쇼드퐁 작업실
       친구들에게 보내는 편지

22쪽   라쇼드퐁 작업실 Ateliers d'Art de la Chaux de Fords
       이 작업실의 이름은 '아틀리에 다르 레위니(Atelier
       d'Arts Réunis)'였으며, 라쇼드퐁장식미술학교 출신인
       르코르뷔지에와 레옹 페랭, 옥타브 마테를 비롯해
       조르주 오베르, 마리우스 페르농 등이 참여했다.

26쪽   '농부들의 예술은 …… 상기시키는 데 쓰여야 해'
       이 말은 르코르뷔지에가 인상주의 경향을 예술적 의식으로
       채택했음을 보여주는 중요한 대목이다. 인상주의
       작가들에게 색이란 형태를 형성하는 주체가 아니라
       생성의 한 과정으로서 주관적인 시선의 단편을 의미한다.
       특히 '색채는 묘사가 아니라 뭔가를 상기시키는'이라는
       표현에는 그의 건축 형태의 알레고리가 왜 그런지 말해주는
       암시가 들어 있다. 그의 건축 형태는 전형성을 떠나 항구적
       현실 속의 어느 한순간을 포착하는, 이른바 분해 과정을
       지향하는 것이다.

이것은 비단 르코르뷔지에만의 개념이 아니라 당시를
살았던 모든 예술가의 사유이기도 했다. 또한 이때
예술가들의 해외여행은 하나의 조류 같은 현상이었다.
말하자면 여행이 목적이 아니라 '떠남' 자체가 목적이었다.
그들은 두 가지 이유에서 떠남을 선택했다. 정신적
상실감으로 인한 도피(죽음을 포함해서)와 새로운 의식을
충전하기 위한 떠남. 인상주의라는 총체적인 조류는
르코르뷔지에의 예술적 기반을 그렇게 형성시켰다.
: 감수자 주

27쪽 외젠 그라세 Eugène Grasset, 1845-1917
스위스 출신의 프랑스 장식 디자이너.
르코르뷔지에는 파리에 머물 때 그라세를 만나
현대건축에 대해 많은 영감을 받았다.

28쪽 아드리아노플 Andrinople
터키 북서쪽 그리스 국경 근처에 있는 도시.
125년경 로마 황제 하드리아누스가 재건한 뒤
아드리아노플이라고 불렸다. 현재의 이름은 에디르네이다.

30쪽 에두아르 콜론 Edouard Colonne, 1838-1910
프랑스의 지휘자.

30쪽 파우스트의 겁벌 la Damnation de Faust
프랑스의 작곡가 베를리오즈가 1846년에 발표한
오페라 제목.

35쪽 에마의 수도원 la Chartreuse d'Ema
르코르뷔지에는 친구 레옹 페랭과 함께 1907년에
이 수도원을 방문했다.

빈

37쪽 장 릭튀스 Jean Rictus, 1867-1933
프랑스의 시인. 가난한 사람들의 애환을 대중적인 언어로
표현한 작품으로 유명하다. 『가난한 자의 독백』 『푸념』
『불행 찬가』 등의 시집을 남겼다.

38쪽 윌리엄 리터 M. William Ritter, 1867-1955
스위스의 작가이자 평론가, 저널리스트.
르코르뷔지에와 편지를 주고받으며 교분을 쌓았다.
『그들의 백합과 그들의 장미들』은 빈과 빈 시민들의
삶에 대한 소설로 리터가 1903년에 발표한 작품이다.

40쪽 쇤브룬궁 Schloss Schönbrunn
빈 남서쪽 교외에 있는 합스부르크 가의 여름 별궁으로,
합스부르크 왕조 600년 역사를 간직한 유서 깊은 곳이다.
건축가 요한 베른하르트 피셔 폰 에를라흐가 황제의
수렵용 소궁전이 있던 자리에 1696년부터 1700년 사이에
이 궁전을 처음 지었고, 이어 마리아 테레지아 여제 때인
1744년부터 1749년 사이에 니콜라우스 파카시의 설계에
따라 대대적인 개축이 이루어졌다.

42쪽   예술 후원가

      폴크방 미술관의 설립자인 카를 에른스트 오슈타우스를
      뜻하는 듯하다. 건축가 헨리 반 데 벨데가 그를 위해
      베스트팔렌주 하겐에 집을 지어주었는데, 이 집을 개조하여
      설립된 것이 폴크방미술관이다.

42쪽   반 데 벨데 Henri Van de Velde, 1863-1957

      벨기에의 건축가. 바이마르공예학교, 캉브르
      장식예술연구소를 창립했고, 대표작으로는 네덜란드
      오테를로의 크뢸러뮐러미술관 등이 있다.

42쪽   페르디낭 호들러 Ferdinand Hodler, 1853-1918

      스위스의 화가. 스스로를 '단순한 회화에 저항하는
      사상가'로 부르며 기존의 인상주의를 거부했고,
      철학적 사상을 담은 작품을 창조하려 애썼다.
      〈밤〉〈절망〉 등의 작품을 남겼다.

43쪽   장 에두아르 뷔야르 Jean-Edouard Vuillard, 1868-1940

      프랑스의 화가. 인상파의 영향을 벗어나 고갱의
      화풍을 따랐으며, 형태의 단순화와 색면의
      장식적 배합을 지향했다. 작품으로 〈파리공원〉
      〈모델〉 등이 있다.

43쪽   아리스티드 마욜 Aristide Maillol, 1861-1944

      프랑스의 조각가. 신선한 정감 표출로 단아한
      나부상(裸婦像)으로 유명하다. 〈세잔의 기념비〉
      〈흐름〉〈미(美)의 3여신〉 등의 작품을 남겼다.

43쪽　　빈 분리파 la Sécession
　　　　1897년 빈에서 시작된 예술운동. 과거의 예술 전반에서
　　　　분리하여 건축·공예·회화·조각 등을 새로운 시대에
　　　　부응하는 예술로 만들려 했다. 클림트, 바그너, 올브리히,
　　　　모저, 메슈트로비치 등이 중심이 되었다. 이 영향을 받아
　　　　독일, 오스트리아의 여러 도시에서도 분리파 운동이
　　　　일어났다. 19세기 말 유럽에서 일어난 일련의 혁신운동,
　　　　즉 파리의 아르누보, 영국의 미술공예운동, 독일의
　　　　유겐트스틸 등과 본질을 같이했으며, 근대 디자인 혁신의
　　　　계기가 되었다.

43쪽　　알프레드 필리프 롤 Alfred-Philippe Roll, 1846-1919
　　　　프랑스의 현대 화가. 초상화와 풍경화를 주로 그렸다.

43쪽　　'한때 클림트와 호들러가 거둔 - 돔 지붕'
　　　　클림트가 젊었을 때 빈 미술사박물관 장식 작업에 참여했던
　　　　일을 빗대어 말하는 듯하다.

43쪽　　하겐분트 Hagenbund
　　　　빈 미술가 협회와 빈 분리파가 연합하여
　　　　결성한 예술가 그룹.

44쪽　　콜로만 모저 Koloman Moser, 1868-1918
　　　　그래픽 디자이너이자 공예가. 빈 분리파의 주축 일원이었다.

44쪽   클라인 베네디히 Klein Venedig
       독일어로 '작은 베네치아'라는 뜻. 밤베르크 레그니츠 강
       주변에 예쁜 집들이 많아서 이렇게 부른다.

44쪽   왕립미술관 la Galerie Impériale
       오늘날의 빈 미술사박물관.

44쪽   피터르 브뤼헐 Pieter Breughel, 1525-1569
       네덜란드 화가.
       16세기 가장 위대한 플랑드르 화가 가운데 한 사람이다.
       초기에는 주로 민간 전설·습관·미신 등을 테마로 했고,
       브뤼셀로 이주한 후에는 농민전쟁 기간의 사회불안과
       혼란 및 에스파냐의 가혹한 압정에 대한 격렬한 분노를
       종교적 제재를 빌려 표현했다. 대표작으로 〈사육제와
       사순절 사이의 다툼〉〈아이들의 유희〉〈바벨탑〉
       〈농민의 춤〉〈농가의 혼례〉 등이 있다.

45쪽   벨베데레궁 Schloss Belvedere
       빈 남동쪽에 있는 바로크 양식의 궁전.

도나우강

48쪽　푸스타 Puszta
　　　　헝가리 동부에 펼쳐진 초원.
　　　　원래 초원지대에 거주하는 농민의 집을 뜻하는 말이었는데,
　　　　의미가 바뀌어 헝가리 초원을 뜻하는 말로 쓰이게 되었다.
　　　　거의 수목이 없는 초원으로, 오늘날에는 대부분
　　　　경지로 바뀌어 밀·옥수수·감자 등을 생산하지만 아직도
　　　　일부는 초원으로 남아 소·말·양 등의 대규모 방목이
　　　　이루어진다.

52쪽　아이언 게이트 les Portes de Fer
　　　　루마니아와 유고슬라비아 사이에 있는 협로 이름.
　　　　로마의 트라야누스 황제가 아폴로도로스를 시켜
　　　　이 협로를 건너는 다리를 만들었다.

53쪽　아틸라 Attila, 406?-453
　　　　훈족의 왕. 5세기 전반 민족 대이동기에 지금의 헝가리인
　　　　트란실바니아를 본거로 하여 주변의 게르만 부족과
　　　　동고트족을 굴복시켜 카스피해에서 라인강에 이르는
　　　　대제국을 건설했다.

53쪽　마자르족 Maggyars
　　　　대다수 헝가리인이 속하는 종족.

53쪽　프레스부르크 Presburg
　　　　슬로바키아의 수도인 브라티슬라바의 독일식 명칭.

54쪽   에스테르곰 Estergôn

헝가리 북부의 도시.
부다페스트 북서쪽 약 50km 지점에 있다. 헝가리의
초대 왕 이스트반 1세가 이곳에서 대관식을 치렀으며,
이후 아르파드 왕조 때에는 왕도(王都)가 되었다.
헝가리 가톨릭의 중심지이다.

54쪽   '정육면체 모양 건물 위에 놓인 – 여러 개가 떠받치고 있었다'

이 건물은 에스테르곰대성당이다.

57쪽   타반 Taban

부다페스트 시내 태양의 언덕에서 겔레르트 언덕에 이르는
완만한 지대.

59쪽   '카리브디스를 피하려다가 …… 격이라고나 할까'

카리브디스와 스킬라는 오디세우스의 항로를 방해한
바다 괴물들이다.

62쪽   철문

루마니아와 유고슬라비아 사이에 있는 이 협로의
이름이 '아이언게이트'인 것을 빗대어 표현한 말.

68쪽   멜로페 mélopée

그리스어의 '멜로포이아(작곡법)'에서 나온 말로,
연극적인 곡조를 가리킨다. 오페라의 레치타티보,
아리아 등에 사용된다.

부쿠레슈티

70쪽 카르멘 실바 Carmen Sylva(Pauline Elisabeth Ottilie
Luise zu Wied), 1843-1916
루마니아 왕 카롤 1세의 왕비.
문화 전반에 대한 식견이 뛰어났으며, 필명인 카르멘
실바라는 이름으로 널리 알려져 있고 많은 저서를 남겼다.

71쪽 엘 그레코 El Gréco, 1541?-1614
그리스 태생의 17세기 르네상스 말기 스페인 화가.
그의 화풍은 20세기 초 독일 표현주의에 지대한 영향을
주었으며 오늘날 미술사에서 매우 중요한 작가로
평가받는다. 〈오루가스 백작의 매장〉〈그리스도의 세례〉
등의 작품을 남겼다. 엘 그레코는 자신이 그리스 태생임을
자랑스러워하여 그림에 '도메니코스 테오토코풀로스
(Doménikos Theotokópoulos)'라고 서명했다고 한다.

71쪽 무리요 Bartolomé Esteban Murillo, 1617-1682
17세기 스페인 바로크 회화의 황금시대를 대표하는 화가.
풍속화가·초상화가로서도 재능을 발휘한 다작의 화가였다.
〈원죄 없는 마리아의 발현〉〈로마 지방관의 꿈〉 등의
작품이 있다.

71쪽　　프란치스코 데 수르바란 Francisco de Zurbarán, 1598-1664
　　　　스페인 화가.
　　　　주로 종교화, 특히 성직자나 성자의 모습을 많이 그렸다.
　　　　이탈리아 카라바조의 영향이 강하여 '스페인의
　　　　카라바조'라고 불렸고, 〈성가족〉〈동정수태〉 등의
　　　　작품을 남겼다.

72쪽　　로맹 롤랑 Romain Rolland, 1866-1944
　　　　프랑스의 소설가·극작가·평론가.
　　　　대하소설 『장 크리스토프』로 1915년 노벨 문학상을
　　　　수상했다. 평화운동에 진력하고, 드레퓌스 옹호파로서
　　　　군국주의와 국가주의에 반대했다. 희곡 「당통」 「7월 14일」
　　　　「사랑과 죽음의 장난」을 썼으며, 『베토벤의 생애』
　　　　『미켈란젤로의 생애』『톨스토이의 생애』 등 위인전과
　　　　우수한 음악 평론을 발표했다. 제2차세계대전 중에는
　　　　독일 점령하의 베즐레로 이주, 반(反)나치스 저항운동의
　　　　투사들을 격려하면서 저작 활동을 계속했다. 그의 작품은
　　　　19세기 말에서 20세기 전반을 성실하게 살아온
　　　　한 위대한 휴머니스트의 신앙고백이며 양심의 증언이다.

73쪽　　펠리페 2세 Felipe II, 1527-1598
　　　　스페인 최성기의 왕(재위 1556-1598).
　　　　가톨릭 신자로 국내 이슬람교도의 반란을 제압하고
　　　　레판토 해전에서 오스만군을 격파했다. 스페인 문화의
　　　　황금시대를 이룩했다.

73쪽　톨레도 Tolède

　　　　에스파냐 톨레도주의 주도(州都).
　　　　마드리드 남서쪽 70km 지점에 위치한다. 엘 그레코는
　　　　이곳을 배경으로 〈톨레도 풍경〉이라는 그림을 그렸다.

73쪽　에스코리알 궁전 l'Escorial

　　　　르네상스 양식의 스페인 궁전.
　　　　엘 그레코는 이 궁전의 벽화를 그렸다.

74쪽　오메 스타일 homaisien

　　　　플로베르의 소설 『보바리 부인』에 나오는 등장인물
　　　　오메(Homais)의 이름에서 나온 형용사이다.
　　　　오메의 집에 그가 수집한 사냥도구들이 엄청나게
　　　　쌓여 있었다는 소설 속 묘사에 빗대어 수집 취미를 가진
　　　　천박한 부르주아를 비꼬는 표현으로 사용되었다.

74쪽　'오귀스트가 이 여행을 추진했지요'

　　　　오귀스트 클립스탱은 미술사를 전공했고,
　　　　당시 엘 그레코에 대한 논문을 준비하고 있었다.

75쪽　처마 corniche

　　　　코니스라고 하며 서양 건축의 상단 부분에
　　　　띠 모양으로 돌출된 부분.

78쪽   보자르 양식 Style Beaux-Arts

        19세기 후반 파리에서 유행한 신고전주의 양식으로,
        순수하고 강직한 고대 그리스 미술을 규범으로 삼았다.

80쪽   볼테르 강변 Quai Voltaire

        볼테르 강변로에 '에콜데보자르(프랑스 국립미술학교)'가
        있다. 이곳의 건축물이 보자르 양식의 영향을 강하게
        받은 것을 빗대어 표현한 말이다.

터르노보

81쪽   터르노보

        불가리아 북부의 고도(古都) 벨리코 터르노보의 옛 이름.

83쪽   시에나 아카데미의 유명한 패널화

        1907년 친구 레옹 페랭과 이탈리아를 여행할 때 본 그림을
        뜻한다. 시에나 국립 미술관에 전시되어 있는 작가 미상의
        이 그림은 '죽음의 승리' '순결의 승리' '사랑의 승리'
        '명예의 승리'라는 주제로 그려진 네 개의 패널화이다.

83쪽   아빌라 Ávila

        스페인 아빌라주의 주도.
        정식 명칭은 아빌라데로스카바예로스(Ávila de Los
        Caballeros)이고, 수도 마드리드 북서쪽 87km 지점에
        있다. 로마에 의해 건설되어 지금도 로마식 성벽이
        도시를 둘러싸고 있으며, 중세 유적도 많이 남아 있다.

86쪽 치마부에 Cimabue, 1240?-1302?
이탈리아 피렌체 화파의 시조.
조토 이전의 화단에서 이름을 떨친 것으로 보인다.
주요 작품으로 피렌체 우피치미술관에 있는
〈성삼위일체의 성모〉, 산타크로체성당의 〈십자가에
못 박힌 그리스도〉, 아시시 성프란체스코성당의 벽화
〈그리스도 책형(磔刑)〉 등이 있다. 늠름한 조형 의욕과
자상한 감성의 추구로 르네상스의 여명을 보여주었다.

86쪽 두초 Duccio di Buoninsegna, 1255?-1318?
이탈리아의 화가.
시에나 파가 번영하기 시작했던 13세기에 활약했고
청년 시절 치마부에의 화풍에 열중했다. 대표작으로
〈루칠리아의 성모〉 〈마에스타〉가 있다.

터키 땅에서

89쪽 카잔루크 Kasanlik
불가리아 중부 툰자 강 상류에 있는 도시.

91쪽 알렉상드르 가브리엘 드캉
Alexandre Gabriel Decamps, 1803-1860
프랑스의 화가.
1827년 소아시아를 여행한 뒤 당시 유행한 오리엔탈리즘
계열의 그림을 발표하여 호평을 받았다. 개와 원숭이 등을
그린 동물 화가로도 유명하다. 작품으로 〈샘 옆의
터키 아이들〉 등이 있다.

97쪽　　비잔티움 Byzance
　　　　고대부터 보스포루스 해협 서해안에 번영한 옛 도시.
　　　　BC 8세기-BC 7세기에는 '메가'라고 불렸으나,
　　　　그리스에 정복된 뒤에 '비잔티움'이라 불리게 되었다.
　　　　로마 제국 때는 '안토니니아', 콘스탄티누스 1세 때는
　　　　'콘스탄티노플'로 불렸으며, 오스만투르크에 점령된 뒤에
　　　　현재의 이름인 '이스탄불'로 불리게 되었다.

97쪽　　로도스토 Rodosto
　　　　현재의 테키르.

98쪽　　입헌정부 수립
　　　　1908년, 오스만투르크 제국은 발칸반도를 둘러싼
　　　　러시아와의 이권 다툼에서 어려움에 직면했다.
　　　　1908년 5월 13일, 청년튀르크당 지도부는 술탄에게
　　　　최후통첩을 보내 입헌군주제로 복귀할 것을 요청했다.
　　　　그러나 술탄은 이에 응하지 않았으며 1908년 6월 12일,
　　　　마케도니아의 제3군이 이스탄불을 향해 진군하기
　　　　시작했다. 1908년 6월 24일, 마침내 술탄 체제가
　　　　폐지되고 입헌정치가 실시되었다.

99쪽　　퓌비 드샤반 Puvis de Chavannes, 1824-1898
　　　　19세기 프랑스의 뛰어난 벽화가.
　　　　색채, 기법, 구성에서 후기 인상파의 찬사와
　　　　존경을 받았다. 아미앵의 피카르디박물관,
　　　　소르본대학 등에 벽화를 그렸고, 주요 작품으로
　　　　〈희망〉〈가난한 어부〉〈하얀 바위〉 등이 있다.

콘스탄티노플

100쪽　페라 Péra

　　　이스탄불 신시가인 베요글루 지구의 옛 이름.
　　　보스포루스 해협의 유럽 쪽 해안에 위치하며, 골든혼을
　　　사이에 두고 구시가와 마주 보고 있다. '페라'라는 명칭은
　　　중세 때부터 20세기 초까지 사용되었다.

100쪽　스쿠타리 Scutari

　　　터키 이스탄불 주에 있는 도시. 현재의 이름은
　　　'위스퀴다르'이다. 보스포루스 해협을 사이에 두고
　　　이스탄불과 마주하고 있다. 경치가 아름다우며,
　　　소아시아를 횡단하는 바그다드 철도의 시발점이기도 하다.

100쪽　골든혼 Corne d'Or

　　　이스탄불 구시가와 신시가 사이에 있는 내포(內浦).

101쪽　케레스 Cérès

　　　그리스 신화에 나오는 곡물 또는 대지의 여신.

101쪽　오달리스크 odalisques

　　　하렘에서 살던 술탄의 총비(寵妃).

103쪽　성 소피아 대성당 Sainte-Sophie

　　　　동서양 문명의 공존이라는 이스탄불의 특성을 상징하는
　　　　건물. 동로마제국 유스티니아누스 황제 때 지었다.
　　　　웅장한 돔 양식으로 사방에 첨탑이 서 있으며, 동방정교의
　　　　본산으로 황제 대관식 등 중요한 행사 장소로 쓰였다.
　　　　1935년부터 박물관으로 운영되고 있어서 비잔틴 시대의
　　　　벽화와 모자이크 등을 감상할 수 있다. 런던의 세인트폴성당,
　　　　로마의 성베드로대성당, 밀라노의 두오모에 이어 세계에서
　　　　네 번째로 큰 성당이다. 원래 이름은 성스러운
　　　　지혜라는 뜻의 '하기아 소피아'이다.

106쪽　카이크 Caîks

　　　　보스포루스 해협에서 사용되는 뱃머리와 꼬리가
　　　　뾰족하고 좁은 소형 보트.

110쪽　히드라 hydre

　　　　그리스 신화에 나오는 물속에 사는 뱀.
　　　　아홉 개의 커다란 머리를 가졌다.

111쪽　아흐메드모스크 la mosquée d'Achmed

　　　　터키 이스탄불 역사 지구에 있는 터키를 대표하는 모스크.
　　　　내부가 파란색과 녹색 타일로 장식되어 있어서
　　　　'블루 모스크'라는 이름으로 불린다. 아흐메드 1세가
　　　　1609년에 짓기 시작하여 1616년에 완공했다.

111쪽　히포드롬 Hippodrome
　　　　대경기장.

112쪽　이맘 Imam
　　　　이슬람교의 종교 공동체를 지도하는 통솔자.

112쪽　미라브 mirhab
　　　　모스크의 네 벽 중 메카 방향을 향한 키블라 벽에 있는 벽감.

112쪽　카바 Kaaba
　　　　메카에 있는 이슬람 사원. 전 세계 이슬람교도들이
　　　　이 사원이 있는 방향을 향해 매일 예배를 드리며,
　　　　'하지(메카 순례)' 의식도 이곳에서 시작되고 끝난다.

모스크

116쪽　펜던티브 pendentifs
　　　　건축에서 돔의 지붕을 지지하는 모서리의 삼각형 부분.

117쪽　피에르 로티 Pierre Loti, 1850-1923
　　　　프랑스의 소설가·해군 장교. 남태평양의 폴리네시아를
　　　　시작으로 이스탄불·중국·일본·팔레스타인 등지를
　　　　두루 돌아다니며 각지의 인상을 바탕으로 관능적이고
　　　　이국적인 작품을 썼다.

119쪽　그레이트 월 Grandes Murailles
　　　　이스탄불을 둘러싼 요새. 콘스탄티누스 황제 때 만들어졌다.

122쪽　샤자데모스크 la mosquée Chah Zadé
　　　　샤 자데 왕자를 추모하기 위해 그의 부왕이
　　　　1548년에 지은 모스크.

123쪽　'거의 100채에 가까운 건축물을 지은 그 사람'
　　　　오스만제국의 유명한 건축가 시난(Sinan, 1489-1588)을
　　　　뜻한다. 오스만 왕조를 위해 모스크, 궁전, 교량,
　　　　병원 등 수백 채의 건물을 지었다. 이스탄불의
　　　　'왕자 모스크' '슐레이만 1세 모스크' 등이 대표작이다.

123쪽　불탄 기둥
　　　　15세기 전에 불탔지만 금속 테두리에 지탱되어
　　　　오늘날까지 서 있다. 이 기둥 위에 그리스의 유명한 조각가
　　　　페이디아스의 아폴로상이 서 있다.

124쪽　미리마 파샤 Mirimah Pacha
　　　　슐레이만 대제와 루스탐 파샤 왕비 사이에 태어난
　　　　미리마 공주를 기리는 모스크.

묘지들

129쪽 아이반 세라이 Aïvan Seraï
골든혼 북쪽, 옛 오스만제국의 선착장이 있던 곳.

129쪽 톱 카푸 Top Capou
이스탄불로 들어가는 주요 관문 가운데 하나로
구시가 서쪽에 있다.

129쪽 하르퓌아 Harpie
그리스 신화에 나오는 새의 몸에 여자 얼굴을 한 괴물.
폭풍과 죽음을 다스린다.

129쪽 이유브 Eyoub
술탄이나 고위 관료들이 죽어서 묻히고 싶어 하는 묘지.

그녀들과 그들

131쪽 그들
사람 남자를 뜻하는 것이 아니라 당나귀들을 뜻한다.

131쪽 기메박물관 le Musée Guimet
프랑스 파리에 있는 박물관. 에밀 에티엔 기메가
설립했으며 아시아 관련 전시품이 많이 소장되어 있다.

132쪽 베이코스 Beïcos
이스탄불 북동쪽에 있는 마을.

134쪽 테오필 고티에 Théophile Gautier, 1811-1872
프랑스의 문인이자 비평가.

열려라, 참깨

143쪽 포렌트루이 Porrentruy
스위스 북서쪽에 있는 도시.

144쪽 페니히 Pfennig
독일의 옛 화폐단위. 1페니히는 1/100마르크이다.

147쪽 부하라 Boccharah
우즈베키스탄 부하라주의 주도.
융단, 금속조각, 목각 투조 등의 공예품으로 유명하다.

147쪽 이오안니나 Janina
그리스 북서부 이오안니나주의 주도.
오랫동안 터키령이었기 때문에 동양적 색채가 강하다.

두 개의 동화, 하나의 현실

153쪽 돌마바흐체궁 Palais de Béchigtache
이스탄불 보스포루스 해협 유럽 쪽 지역에 있는
크고 웅장한 궁전. 술탄 압둘 메지드가 지었다.
방이 285개나 있으며 화려한 실내장식이 탄성을 자아낸다.

154쪽 킴브리족 Kimris

게르만족의 일파로서 BC 2세기 말부터 갈리아에 침입했다.
킴브리족의 남하는 게르만민족 대이동의 계기가 되었다.

155쪽 발리데모스크 la mosquée Validé

갈라타 다리 남단에 있는 모스크. '새로운 모스크'라는 뜻인
'예니 카미'로 흔히 알려져 있다.

스탐불의 재앙

162쪽 오귀스트 라페 Auguste Raffet, 1804-1860

프랑스의 화가.
프랑스 대혁명이나 나폴레옹 친위대를 소재로 한 석판화를
많이 제작했다.

162쪽 예나 Iéna

독일 중부 튀링겐주에 있는 도시.
1806년 나폴레옹이 프로이센 군대를 격파한 곳이다.

혼란스러운 추억들, 귀환과 회한……

171쪽 현성용

예수가 팔레스타인의 다볼 산 위에서 거룩한 모습을
드러낸 일.

171쪽 발현

　　　　신이 현자나 예언자에게 초자연적인 방식으로
　　　　메시지를 전하거나 친히 모습을 드러내는 일.

171쪽 존엄한

　　　　'오귀스트(Auguste)'는 '존엄한'이라는 뜻이다.

171쪽 야코프 요르단스 Jacob Jordaens, 1593-1678

　　　　플랑드르의 화가.
　　　　루벤스나 얀 반 에이크(Jan Van Eyck)를 뒤따르는
　　　　17세기 플랑드르의 중심 작가로, 벨기에 교회의 벽걸이
　　　　그림을 비롯하여 영국, 스웨덴의 궁정 천장화 등을 제작했다.
　　　　그림에 장식적 경향이 강하다. 많은 풍속화를 그렸고,
　　　　신화나 우화도 자주 풍속화적으로 표현했다.
　　　　〈풍요의 알레고리〉〈화가의 가족〉 등의 작품을 남겼다.

171쪽 아드리안 브라우어르 Adriaen Brouwer, 1605-1638

　　　　플랑드르의 화가. 요르단스와 함께 풍속화로 유명하다.

171쪽 아드리안 반 오스타데 Adriaen van Ostade, 1610-1685

　　　　네덜란드의 화가.
　　　　17세기 네덜란드의 농민이나 빈민 계층의 꾸밈없는
　　　　생활을 그렸다. 〈술자리를 벌이는 농민들〉〈떠돌이 악사〉
　　　　〈농부의 친구들〉 등의 작품이 있다.

172쪽 누가

설탕, 꿀, 물, 달걀흰자, 설탕 시럽, 견과류 등을 혼합하여
만든 사탕 과자의 일종.

174쪽 게나디에 예하 Ghenadié, 1893-1896

루마니아의 동방정교 대주교.

174쪽 판 Pan

그리스 신화에 나오는 신. 머리에 뿔이 있고, 사람의 얼굴,
가슴, 팔과 양의 다리를 가졌다.

174쪽 피에르 드 롱사르 Pierre de Ronsard, 1524-1585

16세기 프랑스의 대표 시인.
플레야드 파의 대표자였다. 중세 서정시와 근대의
상징시를 잇는 계승자였고, 시 형식의 개혁을 실천했다.
대표작은 「엘렌의 소네트」이다.

176쪽 엔태블러처 entablature

고대 그리스 로마 건축에서 기둥의 윗부분에 수평으로
연결되는 장식 부분을 일컫는 총칭이다. 양식에 따라
구성이 복잡해지지만, 기본적으로 아키트레이브,
프리즈, 코니스로 구성된다.

177쪽 랑도 마차 Landau

사륜 포장마차.

180쪽　바투미 Batoum

그루지야 아자르 자치공화국의 수도.
흑해 남동 연안의 항만도시이자 그루지야 굴지의
휴양지이다. 바쿠로부터 오는 철도와 송유관의
종점이기도 하다.

182쪽　코나크 Konak

르코르뷔지에가 24세 때 경험한 동방여행은
그의 건축 운명에 큰 영향을 주었다. 특히 터키 전통 주택
'코나크'가 르코르뷔지에 건축의 형성에 큰 영향력을
미쳤다. 아포리즘으로 대표되는 그의 건축미학은
무엇보다 효율적이고 기능적이어야 한다는 개념과
통한다. 즉 코나크의 군더더기 없고 실용적인 형태 구조가
그가 추구한 기계 미학과의 절충을 통해 건축의 형태로
발현되기에 이른다. 그가 주장한 현대 건축의 다섯 가지
원칙에 완벽히 부합하며 근대 건축의 시작을 알렸다는
평을 받는 사부아 주택을 포함한 다수의 건축 형태가
그것을 잘 보여준다.
: 감수자 주

185쪽　필리포폴리스 Philippopolis

불가리아 남부 마리차강 연안의 도시. 현재의 이름은
플로브디프이다. 불가리아 제2의 도시이며, 유럽에서
가장 오래된 도시 가운데 하나이다.

186쪽　무샤라비 Moucharabie

안에서는 밖을 내다볼 수 있지만 밖에서는
안이 들여다보이지 않도록 만든 아랍식 창살.

아토스산

188쪽　롯 Loth

구약성서 창세기에 나오는 인물로 모압과 암몬 두 부족의
전설적인 조상. 그가 살던 소돔은 죄악이 가득 찼기 때문에
야훼의 심판으로 멸망했으나 롯의 가족만은 구원받았다.
롯의 아내는 소돔을 탈출할 때 천사의 훈계를 지키지 않고
뒤를 돌아보다가 소금 기둥이 되었다.

188쪽　프랑크 César Auguste Franck, 1822-1890

프랑스의 작곡가·오르간 연주자.
화성에서는 대담한 전조(轉調)와 반음계를 자유로이
구사하여 새로운 어법을 창조하였으며, 또한
소나타·교향곡의 각 악장을 유일한 테마로 통일하는
순환형식(循環形式)을 발전시켰다. 〈루트〉〈지복(至福)〉
〈속죄(贖罪)〉 등의 작품을 남겼다.

189쪽　트라피스트 수도사 Trappiste

트라피스트 수도회 소속의 수도사.
트라피스트 수도회는 1098년 프랑스 시토에서 시작된
가톨릭 수도회로, 엄격한 고행을 통하여 자신과
여러 사람의 죄를 보상하고, 침묵을 통해 기도하는
정신을 기르며, 하느님과 합일하는 것을 이상으로 삼는다.

189쪽   다프니 Daphni

그리스의 수도 아테네에서 서쪽으로 10km 거리에 있는
자그마한 도시. 다프니라는 지명은 그리스 신화에 나오는
물의 요정 이름에서 따온 것이다.

192쪽   아키트레이브 architrave

도리아 식 건축에서 주두(柱頭)와 프리즈 사이를 잇는
평평한 대들보 형상의 장식.

195쪽   카리에스 Kariès

아토스 지역의 행정 중심지.
아토스산으로 가는 관문이기도 하다.

195쪽   베노초 고촐리 Benozzo Gozzoli, 1420-1497

이탈리아 초기 르네상스 시대의 피렌체 파 화가.
국제고딕양식 회화의 장식성을 취하는 한편,
쿠아트로첸토의 피렌체파 양식을 계승했고, 세속적인
정경을 담은 그림을 많이 그렸다. 〈성모 피승천(被昇天)〉
〈베들레헴으로 가는 동방박사들〉 등의 작품을 남겼다.

196쪽   벽감

벽의 한 면을 들어가게 해서 만들어 놓은 또 하나의
작은 공간.

196쪽   아트리움 atrium

중세 바실리카 식 건축물의 주랑으로 둘러싸인
전정부(前庭部).

197쪽 장 앙투안 와토 Jean-Antoine Watteau, 1684-1721
프랑스의 화가.
궁전 풍속과 상류사회의 취미에 적합한 작풍으로
로코코 회화 특유의 정서를 보여주었다. 〈제르생의 간판〉
〈키테라섬 순례〉 등의 작품을 남겼다.

197쪽 헤스페리데스 Hespéride
그리스 신화에 나오는 여신.
'저녁의 아가씨들'이라는 뜻으로 아이글레, 아레투사,
헤스페리아 세 명을 가리킨다. 세계의 서쪽 끝에서
헤라의 황금사과가 열리는 나무를 지키다가
헤라클레스에게 퇴치당했다.

197쪽 키테라섬 Cythères
그리스의 섬으로, 역사적으로는 이오니아 제도의 일부로
본다. 펠로폰네소스반도 동남쪽 끝과 마주하고 있다.
주변 바다에서 끊임없이 불어오는 바람 때문에 해안이
가파른 바위 절벽과 깊은 만을 이루고 있다. 전략적
요충지로서 오랫동안 여러 문명과 문화의 영향을 받았다.

197쪽 '그곳은 매우 소박하고 …… 머문 적이 없다고 했다'
아토스산은 여자나 동물 암컷의 출입이 금지된 곳이었다.
엄격한 금욕생활을 하는 수도사들을 현혹시킨다고
여겨졌기 때문이다.

201쪽 후진

예배당 성가대석과 성단 뒤쪽의 움푹 들어간 반원형 또는
다각형 공간. 건축용어로는 앱스(apse)라고 한다.

204쪽 삼중관

교황이 머리에 착용하는 교황 전용 장식관.
교황의 직권을 상징한다.

205쪽 크세르크세스 Xerxes I, BC 519?-BC 465

페르시아 제국의 제4대 왕(재위 BC 486-BC 465).
이집트와 바빌로니아의 반란을 진압했고 운하와 선교를
만드는 등 그리스 원정을 계획했으나 실패했다.

206쪽 협상국

제1차세계대전 이전 영국·프랑스·러시아가
독일·오스트리아·이탈리아에 대항하여 동맹관계를
맺은 것을 뜻한다.

209쪽 무교병

누룩을 넣지 않은 빵. 유대인들이 절기를 지킬 때 먹는 음식.

213쪽 '밀레투스의 이시도루스와 트랄레스의 안테미우스
I Sidore de Milet et Anthemios de Tralles'

유스티니아누스 황제의 명을 받아 이스탄불의
성 소피아 대성당을 설계한 사람들. 이들은 건축가가 아니라
기하학자, 수학자였다.

213쪽   칼키디키반도 la Chalcidique
        그리스 북동부 에게해에 돌출해 있는 반도.
        남쪽 끝은 카산드라·시토니아·아크티 세 개의 곶으로
        나뉘며, 아크티의 남쪽 끝 아토스산에는
        동방정교회의 총본산이 있다.

215쪽   프로나오스 Pronaos
        고대 그리스의 신전 입구.

218쪽   히포그리프 Hippogriffe
        그리스 신화에 나오는, 말의 몸에 독수리의 머리와
        날개를 가진 괴물.

222쪽   내진
        예배당에서 성직자와 성가대가 차지하는 자리.

224쪽   고성소
        원죄 상태로 죽었으나 죄를 지은 적이 없는 사람들이
        머무르는 곳. 흔히 천국과 지옥 사이의 장소로 여겨진다.

230쪽   우지 Lods
        폴란드 중부에 있는 우츠키에주의 주도.
        바르샤바 남서쪽 약 100km 지점에 위치하며,
        바르샤바 다음가는 폴란드 제2의 도시이다.

파르테논신전

231쪽   파르테논신전 le Parthénon

그리스 아테네의 아크로폴리스에 있는 신전.
BC 479년 페르시아인이 파괴한 옛 신전 자리에
아테네인이 건축하여 아테네의 수호여신 아테나에게 바친
신전으로, 도리스 양식 신전의 극치를 보여주는 걸작이다.
조영(造營)은 조각가 페이디아스, 설계는 익티노스,
공사는 칼리크라테스의 지휘 아래 진행했으며,
BC 447년에 기공해서 BC 438년에 완성했다.

231쪽   엘레우시스 Eleusis

그리스 아티카 지방 엘레우시스 만 연안에 있는 도시.
아테네 북서쪽 약 20km 지점에 있다.

231쪽   피레우스 Pirée

그리스 아티키주의 항구도시로, 아테네 도시 지역의
일부이다. 아테네 중심부에서 남서쪽으로 10km
떨어져 있다.

236쪽   에보이아섬 Eubée

그리스 중부 근처 에게해에 있는 섬. 길이 176km,
너비 약 50km이다. 에우보이아섬이라고도 한다.
고대부터 그리스로서는 드물게 소와 말의 사육이 가능했다.
섬의 명칭도 '소에 뛰어난 땅'이라는 뜻이며, 현재도
소를 비롯한 축산이 활발하다.

241쪽   프로필라이온 Propylée

　　　　고대 그리스에서는 BC 6세기경부터 만든, 궁전이나
　　　　신전의 경내로 들어가는 입구. 신전 모양의 건물로
　　　　꾸몄으며, 대표적인 것으로 아테네의 아크로폴리스에 있는
　　　　프로필라이온을 들 수 있다.

242쪽   메토프 métope

　　　　도리아 식 건축의 프리즈(소벽)에서 두 개의
　　　　트리글리프(세 줄의 세로 홈이 있는 돌기석) 사이에 있는
　　　　사각형 벽면. 대개 부조(浮彫)로 장식되어 있다.

242쪽   아이기나만 le golfe d'Egine

　　　　에게해 수니온곶과 스킬라이온곶 사이에 있는 만.

243쪽   '날개 없는 승리의 여신 신전 le Temple de la Victoire Aptère'

　　　　아테나니케신전. 그리스 아테네의 아크로폴리스에 세워진
　　　　이오니아식 소신전이다. BC 427년경에 건축을 시작하여
　　　　BC 424년경에 완성되었다. 보통 '니케 압테로스의
　　　　신전(날개 없는 승리의 여신 신전)'이라고 불렸는데,
　　　　이는 아테나 여신이 니케가 아테네에서 날아가지 않고
　　　　영원히 아테네를 지키게 하려고 니케의 날개를
　　　　잘라버렸기 때문이라고 전해지지만 이론(異論)도 많다.

244쪽　에레크테우스신전 le Temple d'Erechtée
　　　　아크로폴리스의 중앙, 파르테논 북쪽에 있는
　　　　이오니아식 신전. 파르테논신전 못지않은 역사와
　　　　신성함을 지닌 신전이다.

249쪽　판아테나이아 les Panathénées
　　　　해마다 아테네에서 열리던 매우 오래되고 중요한 축제.
　　　　아테네의 수호 여신인 아테나를 숭배하는 행사이다.

250쪽　익티노스 Iktinos
　　　　그리스의 건축가.
　　　　BC 5세기 후반에 활약했으며 파르테논신전을 설계했다.

250쪽　푸스
　　　　옛 길이 단위. 1푸스는 약 2.7cm이다.

255쪽　칼라브리아 Calabre
　　　　이탈리아 남부, 이오니아해와 티레니아해 사이에
　　　　위치한 지방.

©FLC/ADAGP

르코르뷔지에 연보

1887
10월 6일 라쇼드퐁의 라세르거리 38번지에서 조각가이자 시계 세공업자 조르주 에두아르 자느레(Georges Edouard Jeanneret)와 음악가 마리 샤를로트 아멜리 자느레 페레(Marie Charlotte Amélie Jeanneret-Perret)의 아들 샤를 에두아르 자느레(Charles-Edouard Jeanneret, 르코르뷔지에 Le Corbusier) 태어남.

1891
라쇼드퐁초등학교 입학.

1900
샤를 레플라트니에(Charles l'Eplattenier)가 가르치는 라쇼드퐁의 예술학교에서 세공사 교육을 받기 시작함.

1902
세공 회중시계로 토리노 국제장식미술 박람회에서 표창장을 수상함.

1904
샤를 레플라트니에가 이끄는 장식미술 상위 과정(예술학교 부속기관)에 입학함. 샤를 레플라트니에는 르코르뷔지에를 건축 분야로 인도함.

1905
건축가 르네 샤팔라(René Chapallaz)와 공동 작업으로 라쇼드퐁에 예술학교 위원회 회원 루이 팔레(Louis Fallet)를 위한 주택 한 채의 건축을 주문받음.

1907
- 9월, 두 달 반 동안 밀라노, 피렌체 등 이탈리아를 여행함.
- 10월-11월 초, 갈루초에 있는 에마수도원, 시에나, 볼로냐, 파도바, 가르가노, 베네치아를 방문함.
- 11월, 부다페스트를 경유하여 빈을 향해 출발함.
- 넉 달 동안 빈에 체류. 라쇼드퐁의 스토체 주택과 자크메 주택의 설계를 구상함.

1908

- 빈에서 건축가 J. 호프만
  (J. Hoffmann)과 모저(Moser),
  화가 클림트(Klimt)를 만남.
- 3월, 뉘른베르크, 뮌헨, 스트라스부르,
  낭시를 거쳐 파리를 여행함.
- 리옹에서 토니 가르니에
  (Tony Garnier)를 만남.
- 파리에서 주르댕(Jourdain),
  플뤼메(Plumet), 소바주(Sauvage),
  그라세(Grasset) 사무소를 방문함.
- 오귀스트 에 귀스타브 페레(Auguste
  et Gustave Perret) 사무소에
  파트타임 건축 설계사로 들어감.

1909

스토체 주택과 자크메 주택을
건축하기 위해 가을에
라쇼드퐁으로 돌아감.

1910

- 미술의 진보를 위해
  합동미술연구회(Ateliers d'Arts
  Réunis)를 설립.
- 그린델발트에서 열린
  전국 스키 경주에 참가함.
- 4월, 라쇼드퐁 예술학교 대표로
  독일의 응용미술 운동을 연구하여
  1912년 라쇼드퐁에서 『독일의
  장식미술 운동에 관한 연구(Etude sur
  le mouvement d'Art Décoratif en
  Allemagne)』를 출간함.
- 겨울에 베를린에 있는 페터 베렌스
  (Peter Behrens) 작업실에 들어가
  다섯 달을 보냄.
- 건축가 미스 반 데어 로에(Mies Van
  der Rohe)와 발터 그로피우스(Walter
  Gropius)를 만남.

1911

- 독일의 전원도시 헬레라우를
  건축한 하인리히 테세노프(Heinrich
  Tessenow)를 만남.
- 5월, 동방여행을 위해 드레스덴을
  떠나 친구인 미술사 전공 대학원생
  오귀스트 클립스탱(Auguste
  Klipstein)과 함께 프라하, 빈,
  부다페스트, 베오그라드, 부쿠레슈티,
  터르노보, 가브로보, 카잔루크,
  이스탄불, 아토스산, 아테네와
  이탈리아 남부를 여행함.
  이 여행을 하는 동안 수첩 여섯 권
  분량의 데생과 크로키, 메모를 하고
  수백 장의 사진을 찍음.

- 라쇼드퐁의 신문사 「라 푀유 다비」를 위해 위의 수첩에서 발췌하여 칼럼을 작성함.
- 10월, 샤를 레플라트니에와 함께 예술학교의 새로운 과(科)를 만들기 위해 에마수도원에 들렀다가 라쇼드퐁으로 돌아옴.

1912
- 라쇼드퐁에 머무르며 르로클에 자느레 페레 주택과 파브르 자코 주택을 건설함.

1913
- 파리의 가을 살롱전에 '돌들의 언어(Le langage des Pierres)'라는 제목으로 수채화 10점을 처음 출품함.
- 설계 교육 수료증을 획득함.

1914
- 라쇼드퐁 예술학교의 새로운 과가 폐지됨.
- 베르크분트 박람회 관람을 겸하여 쾰른 여행.
- '돔이노(Dom-Ino)' 주택 연구.

1915
- 파리 국립 도서관 복제판화부에서 연구하기 위해 파리에 임시로 체류함.
- 『도시 건축(La construction des villes)』의 원고를 준비함.

1916
- 라쇼드퐁에 슈보브 주택과 라 스칼라 영화관을 건축함.

1917
- 라쇼드퐁을 완전히 떠남.
- 벨징스거리 20번지에 첫 건축 작업실을 엶. 이후 아스토르거리 29번지로 옮김.
- 1933년까지 파리 자코브거리 20번지에 체류함.
- 1917년 4월-1919년 1월, SABA 철철근콘크리트응용협회의 고문으로 일함.

1918
- 오귀스트 페레(Auguste Perret)의 소개로 입체파 화가 아메데 오장팡(Amédée Ozenfant)과 브라크(Braque), 후안 그리스(Juan Gris), 피카소(Picasso), 조각가 립시츠(Lipchitz) 등을 만남.

- 첫 그림 〈굴뚝(La Cheminée)〉을
완성함.
- 오장팡과 함께 파리의
토마 미술관에서 '순수파'
전시회 개최.

1919

화가 아메데 오장팡, 시인 폴 데르메
(Paul Dermée)와 협력하여
잡지 『에스프리 누보(L'Esprit
Nouveau)』를 창간함.

1920

- 페르낭 레제르(Fernand Léger)와
만남.
- 자신의 조상 중 한 명의 이름인
'르코르뷔지에'를 필명으로
사용하기 시작.

1921

- 라울 라 로슈(Raoul La Roche)를
대리하여 칸바일러 경매회에서
오장팡과 함께 작품들을 구입함.
- 자느레라는 이름으로 그린 그림들로
드뤼에 미술관에서 전시회 개최.
- 오장팡과 함께 로마 여행.

1922

- 사촌 피에르 자느레와 공동 작업 시작.
- 소르본대학에서 처음으로 강연함.
- 모나코 모델 이본 갈리스(Yvonne
Gallis)와 만남. 르코르뷔지에는
1930년에 그녀와 결혼함.
- 가을 살롱전에 인구 300만의
현대도시 계획 발표.
- 보크레송에 베스뉘 주택,
파리에 오장팡 작업실 건축.
- 시트로앙 주택, 다층 주택 등
다양한 프로젝트를 연구함.

1923

- 『건축을 향하여(Vers une
Architecture)』 출간.
- 레옹스 로젠베르크(Léonce
Rosenberg)의 에포르 모데른
미술관에서 자느레-오장팡
전시회 개최.
- 파리의 오퇴유에 라 로슈 에
자느레 주택을, 코르소에 르 라크
주택을 건축.

1924

- 파리 6구의 세브르거리 35번지에
작업실을 꾸밈.
- 제네바, 로잔, 프라하에서 강연함.

- 인도 철학자 크리슈나무르티와 만남.
- 『도시계획(Urbanisme)』 출간.
- 지롱드도(道)의 레주에 노동자 주택을, 불로뉴쉬르센에 립시츠-미스차니노프 주택을 건축.

1925
- 『오늘날의 장식미술(l'Art Décoratif d'Aujourd'hui)』『현대건축 연감(Almanach d'Architecture Moderne)』『현대회화(La Peinture Moderne)』(오장팡과 공저) 출간.
- 파리에 에스프리 누보 주택을, 페사크에 프뤼제즈 주거단지를 건축. 파리의 '부아쟁 계획'과 마이어 주택에 관해 연구함.
- 제르트뤼드 스탱(Gertrude Stein)에게 아나톨 드 몽지(Anatole de Monzie) 장관을 소개받음.

1926
- 4월 11일, 르코르뷔지에의 아버지 조르주 에두아르 자느레 사망.
- 『산업화 시대의 건축(Architecture d'époque machiniste)』 출간.

- 불로뉴쉬르센에 쿡 주택을, 앙베르에 귀예트 주택을, 불로뉴쉬르센에 테르니시앵 주택을, 파리의 아르메 뒤 살뤼에 '팔레 뒤 푀플'을 건축함.

1927
- 마드리드, 바르셀로나, 브뤼셀, 프랑크푸르트에서 강연함. 바르셀로나에서는 안토니오 가우디(Antonio Gaudi)의 건축물들을 방문함.
- 제네바에서 국제연맹 청사 건축설계를 위한 경선에 참가함. 동점으로 1등상에 선정되나 프로젝트를 거부함.
- 가르슈에 스탱 주택을, 파리에 플라넥스 주택을, 슈투트가르트에 바이센호프 주택을 건축.

1928
- 라 사라스에서 CIAM(Congrès Internationaux d'Architecture Moderne, 근대건축국제회의) 설립.
- 『주택-건물(Une Maison-Un Palais)』 출간.
- 프라하와 모스크바에서 강연함.

- 바생다르카숑의 피케에서 휴가를 보냄.
- 튀니지의 카르타고에 베조 주택을, 빌다브레에 처치 주택을, 파리에 네슬레관(館)을, 모스크바에 센트로소유즈 건물을 건축.

1929

- 남아메리카를 여행함.
- 부에노스아이레스, 몬테비데오, 리우데자네이루, 상파울루에서 10회의 순환 강연을 함.
- 보르도에서 리우데자네이루로 가는 배 위에서 조세핀 베이커(Joséphine Baker)를 만남.
- 샤를로트 페리앙(Charlotte Perriand), 피에르 자느레(Pierre Jeanneret)와 공동 작업으로 가을 살롱전에 르코르뷔지에 건물들을 출품함.
- 프랑크푸르트에서 CIAM 2차 회의가 열림.
- 푸아시에 사부아 주택을 건축. 남아메리카의 '문다네움 계획'과 도시계획을 연구함.

1930

- 프랑스에 귀화.
- 12월 18일, 이본 갈리스와 결혼.
- 모스크바를 여행. 이때 마이어홀트(Meyerhold), 전위 연출가 타이로프(Taïrov), 영화감독 에이젠슈타인(Eisenstein)을 만남.
- 페르낭 레제르, 피에르 자느레, 형 알베르 자느레(Albert Jeanneret)와 함께 스페인 각처를 여행함.
- 브뤼셀에서 CIAM 3차 회의 열림.
- 『건축과 도시계획의 현 상태에 관한 상세한 설명(Précisions sur un état présent de l'Architecture et de l'Urbanisme)』 출간.
- 잡지 『플랑(Plans)』 공동 작업.
- 파리에 베스테귀 아파트를, 르 프라데에 망드로 주택을, 제네바에 클라르테 공동주택을, 파리의 시테 위니베르시테르에 스위스 학생관을 건축.
- 알제 도시계획에 착수하고, 라디외즈시(市)와 소비에트궁을 연구함.

1931
- 피에르 자느레와 함께 스페인 각처와 모로코, 알제리를 여행.
- 알제리 가르다이아의 도시유적 음자브를 방문.
- 불로뉴쉬르센에 넝제세에콜리 공동주택을 건축.

1932
- 1937년에 파리에서 열릴 미술 및 응용기술 국제 박람회를 위한 아이디어 공모에 참여함.
- 스톡홀름, 오슬로, 예테보리, 앙베르, 알제에서 강연함. 바르셀로나에서 열린 CIRPAC(Comité International pour la Résolution des Problèmes de l'Architecture Contemporaine, 현대건축 문제 해결을 위한 국제위원회) 회의에 참석함.

1933
- 취리히대학에서 명예박사 학위를 받음.
- 아테네에서 CIAM 4차 회의가 열림.
- 『아테네 헌장(La Charte d'Athènes)』을 구상함.
- 신문 「프렐뤼드(Préludes)」의 편집위원이 됨.

1934
- 넝제세에콜리거리 24번지 공동주택 8층 테라스에 자신의 거처 겸 작업실을 만듦.
- 로마, 밀라노, 알제, 바르셀로나에서 강연함.
- 알제를 빈번하게 여행함.
- 토리노에 있는 피아트 자동차 공장을 방문함.
- 샤르트도(道)의 농부 노르베르 베자르(Norbert Bézard)와 함께 '행복한 농장과 협동마을'에 관한 연구를 시작.

1935
- 『항공기(Aircraft)』『빛나는 도시(La Ville Radieuse)』출간.
- 뉴욕 현대미술관의 초청으로 보스턴, 시카고, 필라델피아, 매디슨, 하트퍼드 등에서 연속 강연을 함.
- 도시계획 프로젝트를 위해 체코의 즐린을 여행함.
- 조제프 사비나(Joseph Savina)를 만남.
- 자신의 아파트에서 루이 카레(Louis Carré)의 원시예술 전시회 개최.
- 라셀생클루에 주말 주택을, 레마테스에 섹스탕 주택을 건축.

1936

- 비행선 그라프제펠린호를 타고 남아메리카를 두 번째로 여행함.
- 브라질의 교육 및 보건부 청사 건축을 위해 건축가 오스카르 니에메예르(Oscar Niemeyer), 루치오 코스타(Lucio Costa), 알폰소 레이디(Alfonso Reidy) 등과 협의함.
- 리우데자네이루에서 강연함.
- 파리에 건축할 10만 명 규모의 주경기장을 연구.
- 베즐레에 있는 친구 장 바도비시(Jean Badovici)의 집에 벽화를 그림.
- 마리 퀴톨리(Marie Cuttoli)를 위해 처음으로 태피스트리를 만듦.

1937

- 프랑스 정부로부터 레지옹 도뇌르 5등 훈장을 받음.
- RIBA(Royal Institute of British Architects, 영국 왕립건축가협회)의 명예회원이 됨.
- 파리에서 CIAM 5차 회의 열림.
- 브뤼셀과 리옹에서 강연함.
- 『성당은 언제 흰색이 되었는가 (Quand les Cathédrales étaient blanches)』 출간.
- 파리 평면도와 카르테시앵 건물을 연구함.
- 탕누보관(館)을 건축함.

1938

- 취리히의 쿤스트하우스와 파리의 루이카레미술관에서 그림 전시회 개최.
- 수영을 하다가 배의 스크루가 고장나 심각한 사고를 당한 뒤 생트로페병원에서 수술을 받음.
- 『대포, 탄약? 고맙습니다만 숙소나 마련해주시지요!(Des Canons, des munitions? Merci! Des logis s. v. p.)』와 『비위생적인 6번 구역 (l'Ilôt insalubre no 6)』을 출간.
- 로크브륀 캅 마르탱에 있는 아일린 그레이(Eileen Gray)와 장 바도비시의 E-1027 주택 안에 여덟 점의 프레스코화를 그림.

1939

- CEPU(Comité d'Etudes Préparatoires d'Urbanisme, 도시계획준비과정연구위원회)의 설립 때 프랑스 작가 장 지로두 (Jean Giraudoux)를 만남.

- 스웨덴 스톡홀름의
  왕립미술아카데미의
  외국인 회원이 됨.
- 잡지 『르 푸앵(Le Point)』에
  「새로운 시대의 서정성(Le Lyrisme
  des Temps nouveaux)」과
  「도시계획(l'Urbanisme)」 게재.

1940

- 6월 11일, 세브르거리 35번지에
  있는 작업실을 폐쇄하고
  아내 이본, 사촌 피에르 자느레와 함께
  피레네 지방의 오종으로 떠남.

1941

- 비시에 오랫동안 체류함.
- 『파리의 장래(Destin de Paris)』와
  『네 개의 길 위에서(Sur les quatre
  routes)』 출간.

1942

- ASCORAL(Assemblée de
  Constructeurs pour une
  Rénovation Architecturale,
  건축혁신을위한건축가회의) 설립.
- 정부 사절단으로 알제를 방문.
- 세브르거리 35번지에 작업실을
  다시 엶.

- 『인간의 집(La Maison des
  Hommes)』(F. 드 피에르푀
  F. de Pierrefeu와 공저)
  『뮈롱댕 건축(Constructions
  Murondins)』을 출간.

1943

- 조제프 사비나와 공동 작업 시작.
- 『건축대학 학생들과의 대화
  (Entretiens avec les étudiants
  des Ecoles d'Architecture)』
  『아테네 헌장』 출간.

1944

- 위니테 다비타시옹에 관해 조사함.

1945

- ATBAT(Ateliers des Bâtisseurs,
  건축가 연구회) 설립.
- 외젠 클로디우스 프티(Eugène
  Claudius Petit)와 만남.
- 리버티선(船) '버논 S. 후드'를 타고
  출발함. 해닝과 함께 모듈러에 관한
  연구의 초점을 맞춤.
- 『세 개의 인간 시설(Trois
  Etablissements Humains)』 출간.

1946
- 미국 프린스턴 여행.
- 앨버트 아인슈타인(Albert Einstein)과 만남.
- 『도시계획의 목적(Propos d'urbanisme)』 『도시계획을 생각하는 방식(Manière de penser l'urbanisme)』 출간.

1947
- 국제연합 청사 건축을 위한 UH 본부 위원회 감정인이 됨.
- 브리지워터에서 CIAM 6차 회의 열림.
- 『UN 본부(UN Headquarter)』 출간.
- 생디에에 클로드에뒤발 공장을 건축하고, 마르세유에 위니테 다비타시옹의 기초공사 시작.

1948
- 미국 뉴욕의 폴로젠버그미술관, 보스턴의 현대미술관, 샌프란시스코, 콜로라도 스프링스, 클리블랜드 등에서 여러 전시회 개최.
- 태피스트리 제작을 위해 피에르 보두앵(Pierre Baudouin)과 공동 작업 시작.
- 시테 위니베르시테르의 스위스관을 위한 벽화 제작.
- 르코르뷔지에 작업실 협력자들의 주문으로 세브르거리 35번지에 대벽화 제작.

1949
- 콜롬비아 당국과 보고타 도시개발 연구를 위한 계약에 서명함.
- 베르가모에서 CIAM 7차 회의 열림. 라 플라타에 퀴뤼체 주택 건축.
- 연극배우 장 피에르 오몽(Jean-Pierre Aumont)과 마르세유의 위니테 다비타시옹을 방문.
- 파블로 피카소(Pablo Picasso)와 함께 마르세유의 위니테 다비타시옹을 방문함.

1950
- 롱샹성당을 위한 첫 초안을 구상함.
- 피에르 자느레, 맥스웰 프라이(Maxwell Fry), 제인 드루(Jane Drew)와 함께 새로운 수도 실현을 위한 편자브 정부 조언자로 지명됨.
- 『모듈러 1(Modulor 1)』 『알제에 관한 시학(Poésie sur Alger)』 『마르세유의 위니테 다비타시옹(l'Unité d'Habitation de Marseille)』 출간.

- 르코르뷔지에가
전통적으로 여름휴가를 보내는
장소인 로크브륀카프마르탱에
카바농 별장 건축.

1951

- 2월 18일 처음으로 인도 여행.
찬디가르와 아메다바드를 방문함.
- 호즈돈에서 CIAM 8차 회의 열림.
- 보고타에서 강연함.
- 뉴욕에 체류함. 콘스탄티노
니볼라(Constantino Nivola)와 함께
모래 조각과 벽화를 작업함.
- 유네스코 본부 건축을 위한
경선에서 물러남.
- 뉴욕 현대미술관에서 전시회 개최.
- 찬디가르의 '펼친 손(Open Hand
Monument)' 조형물 공개.
- 롱샹에 노트르 담 뒤 오 성당,
아메다바드에 쇼단 주택과 사라바이
주택, 미술관, 방적공 공동주택 건축.
- 11월, 인도를 두 번째로 여행. 의사당,
고등법원, 총독 관저, 사무국,
미술관 등 찬디가르 프로젝트를 위한
연구 시작.
- 밀라노 트리엔날레에서 강연함.

1952

- 프랑스 정부로부터 레지옹 도뇌르
3등 훈장을 받음.
- 3월, 인도를 세 번째로 여행함.
- 10월 14일 마르세유의 위니테
다비타시옹 낙성식 열림.
- 뇌이쉬르센에 자울 주택을,
르제 레 낭트에 위니테 다비타시옹을
건축함.

1953

- 그로피우스(Gropius), 브로이어
(Breuer), 마르켈리우스(Markelius),
로저스(Rogers)와 함께 파리에서
유네스코 건물 초안을 이끌기 위한
5인 위원회에 임명됨.
- 륀으로 칠보공장 마르탱(Jean
Martin)을 방문함.
- 엑상프로방스에서 CIAM 9차
회의 열림.
- 파리 현대미술관에서 조형작품
전시회 개최.
- 에뵈에 생트마리드라투레트수도원을,
루치오 코스타와 함께 파리의 시테
위니베르시테르에 브라질관을 건축함.

1954

11월, 도쿄에 있는 서양 미술관 프로젝트를 연구하기 위해 일본을 여행함.

1955

- 취리히의 연방 이공과대학의 명예박사 학위 받음.
- 롱샹성당과 르제의 위니테 다비타시옹 낙성식 열림.
- 네루가 여는 고등법원 낙성식을 위해 찬디가르를 여행함.
- 『직각의 시(詩)(Poème de l'Angle Droit)』『모듈러 2(Modulor 2)』 그리고 『행복의 건축-도시계획이 열쇠다(l'Architecture du bonheur-L'urbanisme est une clef)』 출간.
- 인도 바크라에 자신의 무덤 묘석과 바크라댐을 건축함.

1956

- 프랑스 국립미술학교 교수직을 거부함.
- 『파리 플랜(Les plans de Paris)』 출간.
- 리옹에서 전시회 개최.

1957

- 10월 5일 아내 이본 르코르뷔지에 (Yvonne Le Corbusier) 사망.
- 취리히, 베를린, 뮌헨, 프랑크푸르트, 빈, 라 에, 파리 등에서 W. 뵈지제 (W. Boesiger)가 조직한 대회고전, 일명 '열 개의 수도' 개최.
- 라쇼드퐁미술관에서 전시회 개최.
- 라쇼드퐁 명예시민으로 위촉됨.
- 코펜하겐 왕립미술아카데미 회원이 됨.
- 프랑스 예술문화훈장 받음.
- 『건축의 시학에 관하여 (Von der Poesie des Bauens)』와 『롱샹(Ronchamp)』 출간.
- 베를린에 위니테 다비타시옹을, 루치오 코스타와 함께 파리 시테 위니베르시테르의 브라질관을, 에뵈에 생트 마리 드 라 투레트 수도원을, 브리 앙 포레에 위니테 다비타시옹을, 그리고 도쿄에 서양미술관을 건축.

1958

- 미국 여행.
- 9월 12일 스웨덴의 '리테리스 에 아르티부스' 메달 받음.
- 브뤼셀 국제박람회 표창장 수상.

- 브뤼셀 국제박람회를 위해 필립스 전시관 건축.
- 에드가 바레스(Edgar Varèse)와 공동 작업으로 필립스 전시관에 '전자시대의 시(詩)' 설치.
- 찬디가르 사무국 낙성식 열림.

1959
- 케임브리지대학 명예박사 학위 받음.
- 사부아 주택을 역사적 기념물로 분류 받기 위한 국제적 캠페인이 벌어짐.
- 인도를 여행함.
- 피르미니에 문화의 집 건축.
- 외젠 클로디우스 프티에게 피르미니 베르의 위니테 다비타시옹을 주문받음.
- 『주물공들의 두 번째 자판(Second clavier des couleurs)』 출간.

1960
- 2월 15일, 101세를 일기로 르코르뷔지에의 어머니 마리 샤를로트 아멜리 자느레 페레가 사망.
- 2월 4일, 소르본 대학에서 강연함.
- 10월 19일, 생트 마리 드 라 투레트 수도원 낙성식 열림.
- 『인내심을 요하는 조사 연구회 (l'Atelier de la Recherche Patiente)』 출간.
- 켐니페에 수문 건축.

1961
- 프랑스 국가공로훈장 받음.
- 콜롬비아 대학 명예박사가 됨.
- 미국 건축연구소 금메달 수상.
- 피르미니를 빈번히 여행함. 생피에르교회 연구.
- 찬디가르 고등법원의 태피스트리를 위한 일곱 점의 도면 제작.
- '레 맹' 태피스트리의 도면에서 영감을 받아 런던의 프뤼니에 레스토랑을 위한 식기 서비스 세트 제작.
- 취리히와 스톡홀름에서 전시회 개최.
- 『1961 오르세-파리(Orsay-Paris 1961)』 출간.
- 인도 여행.
- J. L. 서트(J. L. Sert)와 공동 작업으로 케임브리지에 카펜터시각예술센터 건축.

1962
- 브라질리아에 건축할 프랑스 대사관 관저를 연구하기 위해 브라질 여행.

- 파리 현대미술관에서 회고전 개최.
- 찬디가르 의사당 건물 낙성식 열림.
  피르미니에 위니테 다비타시옹 건축.

1963
- 피렌체시에서 수여하는 금메달 수상.
- 프랑스 정부로부터 레지옹 도뇌르
  2등 훈장을 받음.
- 제네바대학 명예박사가 됨.
- 카펜터시각예술센터 낙성식 열림.
- 피렌체 스트로치궁에서
  전시회 개최.
- 하이디 베버를 위해 취리히에
  르코르뷔지에센터 건축.

1964
- 6월에 세브르거리 35번지의
  작업실에서 말로(Malraux)를 통해
  프랑스 정부의 레지옹 도뇌르
  최고훈장 건네받음.
- 베네치아병원 건축을 주문받음.
- 취리히와 라쇼드퐁에서
  전시회 개최.

1965
- 찬디가르를 위한 '펼친 손' 조형물
  연구 재시동.
- 보스턴건축협회에서 수여하는
  표창장 수상.
- 『롱샹을 위한 텍스트와
  도면(Textes et dessins pour
  Ronchamp)』출간.
- 피르미니에 주경기장 건축.
- 8월 27일, 지중해에 면한
  캅 마르탱에서 수영을 하던 중 사망.
- 9월 1일, 루브르박물관의
  쿠르 카레에서 장례식 열림.
  캅마르탱 묘지에 안장됨.

1911년 10월 10일
나폴리에서 샤를 에두아르 자느레가
글을 마침.

1965년 7월 17일
넝제세르에콜리가(街) 24번지에서
르코르뷔지에가 다시 검토, 수정함.

relu le 17 juillet 1965
24 N. impasse et Coli   Le Corbusier